## 超级思维训练营系列丛书

# 发射幻想号

FASHE HUANXIANGHAO

田永强 ◎ 编著

天马行空式的发散思维 ────☆──── 魔鬼与天使只在一念之间

中国出版集团 　现代出版社

图书在版编目(CIP)数据

发射幻想号／田永强编著. —北京:现代出版社,
2012.12(2021.8 重印)
(超级思维训练营)
ISBN 978 - 7 - 5143 - 1003 - 0

Ⅰ. ①发… Ⅱ. ①田… Ⅲ. ①思维训练 – 青年读物②思维
训练 – 少年读物 Ⅳ. ①B80 – 49

中国版本图书馆 CIP 数据核字(2012)第 275935 号

| | | |
|---|---|---|
| 作　　者 | 田永强 | |
| 责任编辑 | 刘　刚 | |
| 出版发行 | 现代出版社 | |
| 通讯地址 | 北京市安定门外安华里 504 号 | |
| 邮政编码 | 100011 | |
| 电　　话 | 010 - 64267325　64245264(传真) | |
| 网　　址 | www. xdcbs. com | |
| 电子邮箱 | xiandai@ cnpitc. com. cn | |
| 印　　刷 | 北京兴星伟业印刷有限公司 | |
| 开　　本 | 700mm × 1000mm　1/16 | |
| 印　　张 | 10 | |
| 版　　次 | 2012 年 12 月第 1 版　2021 年 8 月第 3 次印刷 | |
| 书　　号 | ISBN 978 - 7 - 5143 - 1003 - 0 | |
| 定　　价 | 29.80 元 | |

# 前　言

　　每个孩子的心中都有一座快乐的城堡,每座城堡都需要借助思维来筑造。一套包含多项思维内容的经典图书,无疑是送给孩子最特别的礼物。武装好自己的头脑,穿过一个个巧设的智力暗礁,跨越一个个障碍,在这场思维竞技中,胜利属于思维敏捷的人。

　　思维具有非凡的魔力,只要你学会运用它,你也可以像爱因斯坦一样聪明和有创造力。美国宇航局大门的铭石上写着一句话:"只要你敢想,就能实现。"世界上绝大多数人都拥有一定的创新天赋,但许多人盲从于习惯,盲从于权威,不愿与众不同,不敢标新立异。从本质上来说,思维不是在获得知识和技能之上再单独培养的一种东西,而是与学生学习知识和技能的过程紧密联系并逐步提高的一种能力。古人曾经说过:"授人以鱼,不如授人以渔。"如果每位教师在每一节课上都能把思维训练作为一个过程性的目标去追求,那么,当学生毕业若干年后,他们也许会忘掉曾经学过的某个概念或某个具体问题的解决方法,但是作为过程的思维教学却能使他们牢牢记住如何去思考问题,如何去解决问题。而且更重要的是,学生在解决问题能力上所获得的发展,能帮助他们通过调查,探索而重构出曾经学过的方法,甚至想出新的方法。

　　本丛书介绍的创造性思维与推理故事,以多种形式充分调动读者的思维活性,达到触类旁通、快乐学习的目的。本丛书的阅读对象是广大的中小学教师,兼顾家长和学生。为此,本书在篇章结构的安排上力求体现出科学性和系统性,同时采用一些引人入胜的标题,使读者一看到这样的题目就产生去读、去了解其中思维细节的欲望。在思维故事的讲述时,本丛书也尽量使用浅显、生动的语言,让读者体会到它的重要性、可操作性和实用性;以通俗的语言,生动的故事,为我们深度解读思维训练的细节。最后,衷心希望本丛书能让孩子们在知识的世界里快乐地翱翔,帮助他们健康快乐地成长!

# 目　录

## 第一章　异途同归

发射幻想号

## 第二章　异彩纷呈

## 第三章 异曲同工

发射幻想号

## 第四章　异乎寻常

发射幻想号

# 第一章　异途同归

## 跛脚兰姆

A是一名驻守在边境某小镇上的边防战士。一天深夜,他一个人在镇子外面站岗,突然发现一个跛脚的人鬼鬼祟祟地向军火库走来。战士A立即大声命令那个人站住,听见这话那个人拔腿就逃。在月光下战士A认出了那个人是敌国经常派来搞破坏的瘸腿兰姆。

战士A随即向那个人追去。这里离国界线太近了,他便喊:
"再跑我就开枪了。"

这发子弹准确地打中了兰姆的右小腿。只见那影子弯了一下膝,又继续逃跑。战士A急忙又开了枪,这枪又击中了兰姆右小腿。

但那个人仍然跛着脚在跑。

几分钟后,其他边防战士听到枪声都赶来了。让大家纳闷的是地上竟然连一点血迹都没有。于是有人怀疑A是不是看错了,也许子弹根本就没打中兰姆,但是A却一口咬定他看得清清楚楚。

为什么右腿中了两发子弹,没有流血,还能继续逃跑?

你知道这是为什么吗?

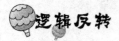

因为兰姆被射中的右腿本身是由塑料制成的假腿。所以假腿不论中多少枪都不会流血,也不影响其逃跑。

# 蒸汽浴室里的谜案

职业间谍 F 光着身子在蒸汽浴室内腹部被刺身亡。从他的伤口判断,是被短刀之类的利刃所杀害,但是在这宛如密室的蒸汽浴室内,绝无任何凶器。间谍 F 是和他的朋友 E 一同入浴的,当时 E 的手中只拿着一个保温瓶。E 洗了一会儿后中途曾经出来接电话,回来时就发现 F 已被刺身亡。这一切都有服务员做目击证人。但说来说去还是 E 的嫌疑最大,不过他进出都是光着身子,手里肯定没有任何凶器。保温瓶完整无缺,没有破碎。如果用保温瓶做凶器,作完案后凶器也绝没有地方可扔。

那么 E 到底是用什么凶器作的案? 作案后又将凶器藏到什么地方去了呢?

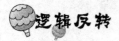

其实凶器是用冰做成的短刀。由于腹部比较柔软,即使是冰做的短刀也能将人刺死。冰刀是 E 藏在保温瓶里带进去的。由于浴室里温度很高,作案后几分钟冰刀就化成了水,所以到处都找不到凶器是很正常的。

# 失踪的火车司机

一列由 A 市到 B 市的货车,晚点几分钟进入 B 站。该车的司机助手 D 从蒸汽机车头上跳下来,径直找到站长,并且向他报告说:"司机 E 突然精神病发作,由急驶的车上跳下而且不见踪迹。"

站长听了大吃一惊,立刻和 A 市路警联系。派出的路警沿铁路寻找,却根本未发现司机 E 的任何踪影。由于当天早晨曾下过雨,如果司机 E 跳车,肯定会留下痕迹,但现在却连半个脚印都没有发现。这使警方由此怀疑到司机助手 D,但是,他又能把 E 藏到什么地方呢?火车在途中从未停过,从 A 站出发时,E 又的确是在车上的。

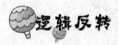**逻辑反转**

司机 E 是被助手 D 杀死后,将尸体丢进蒸汽机车的锅炉中烧成灰,所以才无处寻找。

# 打不中的原因

杀手 R 得到暗杀另一名敌国间谍 06 号的任务。

这天,杀手 R 终于找到了好的时机,摸清了 06 号的住宿处。

R 带了无声手枪,信心满满地来到了 06 号所住的大酒店。一到 06 号所住的房间门口,杀手 R 从钥匙孔中向里观察,06 号正好就在匙孔的位置中。

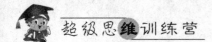 

杀手R立即掏出手枪，对准匙孔，开了一枪。杀手R自以为肯定是十拿九稳射中。但是，就在他刚要离去的时候，房门突然打开了，06号间谍走了出来，结果杀手R反被06号间谍杀死了。

杀手R的暗杀未果，为什么反而被杀？

🎈 **逻辑反转**

因为杀手R从钥匙孔看到的只是06号在一面落地镜子里的影像，所以他开枪打中的只是镜子。

# 痕　迹

一个飘雪的夜晚。

在一个人烟稀少的急转弯路口，一个醉汉手持铁锤被车撞倒在地。

数分钟后，巡逻的警察刚好经过这里，于是立刻将他送到医院里。经医生诊断，醉汉严重脑震荡，一直处于昏迷状态。

现场唯一留下的就是车辆轮胎的痕迹。

警方立即调查肇事者的车辆，经过分析调查最后发现两辆车嫌疑最大。

一辆车子前面有撞凹的痕迹；另一辆则是因为快速倒车，车尾被撞凹一块。

哪辆车才是肇事后逃掉的车子呢？

## 逻辑反转

当车子向前行驶到转弯的时候，前轮的痕迹应在后轮的外侧。但是现在轮胎的痕迹，前轮是从后轮上通过的。可见车子是倒退行驶时撞的。

由此可知，车尾凹陷的车一定是肇事车辆。

# 戒　指

洛蒂·吉姆斯本是一名不起眼的女演员，但是却因和很多有钱男人订过婚，关系破裂后得到他们价值连城的婚戒而扬名，从而被称为"戒指女人"。从以下所给的线索中，请问你能说出每个戒指里所用的宝石的

发射幻想号

— 5 —

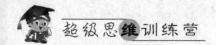

类型、戒指的价值以及这些戒指是哪个男人给的吗?

1. 洛蒂从企业家雷伊那儿得到的钻戒就在价值 10 000 英镑的戒指旁。

2. 从电影导演马特·佩恩那儿得到的戒指要比另一个硕大的红宝石戒指便宜。

3. 翡翠戒指价值不是 15 000 英镑,它不是休·基恩给她的。

4. 戒指 3 花了她之前未婚夫 20 000 英镑。

宝石分别是:钻石,翡翠,红宝石,蓝宝石

价值是(英镑):10 000,15 000,20 000,25 000

未婚夫有:艾伦·杜克,休·基恩,马特·佩恩,雷伊·廷代尔

## 逻辑反转

戒指 1 是马特·佩恩给她的(线索 2),戒指 3 价值 20 000 英镑,那么紧靠雷伊给的戒指右边那个价值 10 000 英镑的戒指一定是戒指 4。从线索 1 中知道,从雷伊那得到的钻戒一定是戒指 3,价值 20 000 英镑。戒指 1 价值不是 25 000 英镑(线索 1),所以它肯定值 15 000 英镑。通过排除法知道,戒指 2 肯定价值 25 000 英镑。而戒指 1 上的不是翡翠(线索 3),也不是红宝石(线索 2),那么一定是蓝宝石。红宝石戒指价值肯定不是 10 000 英镑(线索 2),那么它一定是价值 25 000 英镑的戒指 2。剩下价值 10 000 英镑的戒指 4 是翡翠戒指,它不是休·基恩给的(线索 3),那么一定是艾伦·杜克给的,剩下则是休·基恩给了洛蒂价值 25 000 英镑的红宝石戒指。

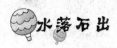

戒指 1 是蓝宝石,15 000 英镑,马特·佩恩。

戒指 2 是红宝石,25 000 英镑,休·基恩。

戒指 3 是钻石,20 000 英镑,雷伊·廷代尔。

戒指 4 是翡翠,10 000 英镑,艾伦·杜克。

# 一条关于酒吧老板的新闻

这周的"思道布自由言论"主要是一些关于 5 个乡村酒吧老板的新闻。从以下所给的线索中,你能找出他们所经营的酒吧分别都在哪个村以及他们上报的原因吗?

提　示

1. 每条新闻都附有一张照片,其中一张照片则是关于"格林·曼"酒吧的,它被允许延长营业时间;而另一张照片所展现的是一个以外景闻名的酒吧。

2. "棒棒糖"酒吧的经营者是来·米德,在他的啤酒花园拍了一张照片。这张照片不是来自蓝普乌克,蓝普乌克不是"独角兽"所在的地方。

3. 位于法来乌德的酒吧主人由于被抢劫而上报,图中展示的是他在吧台的幸福时光。

4. 罗赛·保特以前经营过铁道旅舍,现在则是经营着位于博肯浩尔的酒吧。

5. 泰德·塞尔维兹(他其实叫泰得斯,外地人,他出生于朗当)刚刚

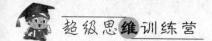

更换了新的酒吧经营许可证。他的酒吧不属于欧斯道克的"皇后之首"。

6.佛瑞德·格雷斯的酒吧名字与动物有关。彻丽·白兰地(在结婚前称彻丽·品克)并没有在自由言论所报道的民间音乐晚会中出现过。这场民间音乐晚会是为当地收容所筹款,并在一个乡村的酒吧举行。

## 逻辑反转

来·米德的酒吧则是"棒棒糖"(线索2),罗赛·保特的酒吧位于博肯浩尔(线索4),佛瑞德·格雷斯的酒吧名与动物有关(线索6),位于欧斯道克的"皇后之首"的经营者不是刚更换了新酒吧经营许可证的泰德·塞尔维兹(线索5),所以它的经营者只能是彻丽·白兰地。我们知道"格林·曼"酒吧被允许延长营业时间,它的经营者不是来·米德,也非泰德·塞尔维兹和彻丽·白兰地,不是佛瑞德·格雷斯(线索1),那么它肯定是罗赛·保特,位于博肯浩尔。我们知道彻丽·白兰地上报纸不是延长营业时间或者更换新的营业证,也不是举办一场民间音乐会(线索6),法来乌德的酒吧主人由于被抢劫而上报(线索6),因此欧斯道克的彻丽·白兰地一定是由于中了彩票而上报的。法来乌德的新闻排除了3个名字,因为图中展示的是他(我们已经知道了那位女性的酒吧)在吧台的照片(线索3),他不可能是来·米德,他的照片是在啤酒花园拍的(线索3),那么他一定是佛瑞德·格雷斯,通过排除法,来·米德一定是因为举办一场民间音乐会而上报的。他的酒吧不位于蓝普乌克(线索2),那么一定在摩歇尔,所以通过排除法,泰德·塞尔维兹一定经营位于蓝普乌克的酒吧,但不可能是"独角兽"(线索2),那么一定是"里程碑",剩下"独角兽"是佛瑞德·格雷斯经营的是位于法来乌德的酒吧。

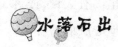 **水落石出**

彻丽·白兰地,是"皇后之首",欧斯道克,中了彩票。

佛瑞德·格雷斯,是"独角兽",法来乌德,遭劫。

来·米德,是"棒棒糖",摩歇尔,举办民间音乐晚会。

罗赛·保特,是"格林·曼",博肯浩尔,延长营业时间。

泰德·塞尔维兹,是"里程碑",蓝普乌克,更换新证。

# 离奇死亡的小说家

专门以写间谍题材小说的作家 A,喜欢在旧仓库里的烛光下写小说。

但是有一天早晨,小说家 A 被人发现死在了仓库里。有人说,或许是他太迷恋小说的情节,由于精神过于紧张,所以才使他心脏麻痹猝死。他的死亡时间大约是昨晚 12 时左右。

负责此案的老练的警官看了现场的情形之后,一口咬定说:"不,这绝不是自然死亡,是他杀! 这是凶手用特殊手段将他弄成心脏麻痹的样子。"

警官到底是根据什么做出这个判断的呢?

老练的警官因为看到蜡烛不是自然熄灭而断定小说家 A 不是自然死亡。

如果小说家 A 真是因为太沉湎于小说的情节,精神过度紧张,而导致心脏麻痹致死的话,那么第二天早晨发现尸体的时候,桌上的蜡烛应该还在继续燃烧或是烧尽了熄灭才对。

# 桥牌的花色

4 位桥牌选手分别各坐桌子一方,手中各有不同花色的一副牌。从以下给出的线索中,你能说出这 4 个人的名字和他们握的是什么花色的牌吗? 注意:南北和东西是对家。

1.理查德的牌的颜色和拉夫的牌的颜色相同,拉夫坐北边的位置。

2. 玛蒂娜对家握的牌的花色是红桃。

3. 坐在西边的女人手中握着的是黑桃,她不姓田娜思。

4. 保罗·翰德的搭档则是以斯帖。

5. 坐在南边的人手中握的牌的花色不是梅花。

名分别是:以斯帖,玛蒂娜,保罗,理查德

姓分别是:翰德,拉夫,田娜思,启克

花色分别是:梅花,钻石,红桃,黑桃

提示分别是:先找出理查德握的牌的花色。

保罗·翰德是以斯帖的搭档(线索4),所以玛蒂娜的搭档就是理查德,后者的花色就是红桃(线索2)。从线索1中可以知道,拉夫坐北边的位置,手握钻石花色。我们知道保罗·翰德的花色不是钻石和红桃,但在西边位置的人手握黑桃(线索3),那么保罗的一定是梅花,所以他不坐在南边(线索5)。我们知道他不在北边,也不在西边(线索3),那么只能在东边,而以斯帖则是在西边,手握黑桃(线索3和4)。通过排除法,理查德不在北边,那一定在南边,而拉夫在北边的位置上,那么他就是玛蒂娜。以斯帖不姓田娜思(线索3),那么一定姓启克,剩下田娜思的名字就是理查德。

## 🎈水落石出

北面,玛蒂娜·拉夫,钻石。

东面,保罗·翰德,梅花。

南面,理查德·田娜思,红桃。

— 11 —

西面,以斯帖·启克,黑桃。

# 回　家

今年的贝尔弗女子大学演讲日会有 4 个特殊人物到来。她们年幼时就随父母移居外地,在她们新的居住地也算事业有成。从以下所给的线索中,你能说出这 4 个人的全名、她们现在所在居住地和从事的职业吗?

1. 安娜现在是直升机驾驶员。她的工作一般都是为观光者服务的,偶尔也参加一些紧急情况救助工作。

2. 詹金斯小姐现居住在新西兰,她 14 岁时随父母移居那里。

3. 罗宾逊小姐的名字并不是乔。

4. 其中一个现在是美国迈阿密的 FBI 成员,而且她不姓坎贝尔。

5. 现居冰岛的佐伊并不姓麦哈尼,麦哈尼是她现居地的一家电视台国际新闻频道的播音员。

## 逻辑反转

詹金斯小姐现居住在新西兰(线索 2),现居住在美国的小姐是 FBI 成员(线索 4),那么由于电视台播音员麦哈尼小姐不在冰岛(线索 5),则其肯定住在沙特阿拉伯。坎贝尔不是美国 FBI 成员(线索 4),那么 FBI 成员肯定是罗宾逊小姐,剩下坎贝尔的名字就是佐伊。而罗宾逊小姐的名字不是乔(线索 3),她现在是 FBI 成员,且她不是直升机驾驶员安娜

（线索1），那么她的名字一定是路易斯。而麦哈尼则是电视台播音员，她的名字也不是安娜．那么她就是乔，直升机驾驶员安娜就是现居新西兰的詹金斯小姐（线索2）。最后可以通过排除法，佐伊·坎贝尔就是现居冰岛的一名助产士。

## 水落石出

安娜·詹金斯，新西兰，直升机驾驶员。

乔·麦哈尼，沙特阿拉伯，电视台播音员。

路易斯·罗宾逊，美国，FBI成员。

佐伊·坎贝尔，冰岛，助产士。

# 神秘的电话号码

某国反间谍人员彼得，受命跟踪潜入本国的敌国间谍。彼得的主要任务是要查出这个间谍和谁接头。彼得跟踪了几天，都没发现线索。一天，彼得见到这个间谍走入一个公用电话亭里面，准备打电话。彼得猜测，他肯定要用电话和同伙联络，如果能够得到这个间谍的联络电话号码，那将是一条十分重要的线索。

于是，彼得立即装成也要打电话的样子，站在电话亭外等候，并乘机向里面张望。可是，这个间谍也是十分机警的，他用自己的身体，遮住电话盘，使外面的人根本无法看到他打的号码。彼得在亭外虽然看不到他拨电话的动作，但是可以听到拨电话的声音，于是立即用录音机录下。请你根据彼得录下的声音查出电话号码。

### 逻辑反转

其实,只要根据数字盘转动声音的长短,然后自己再计时做试验,就可以推断出电话号码。

## 漆黑的夜晚

为了侦破一起案件,警方对有嫌疑者逐个进行调查。

"昨晚 8 点钟你在哪里？在做什么事？有没有人能证明？"警方仔细盘问着。

"昨晚 8 点,我正在家中看书,直至深夜才上床休息。没有人看见。"

警方根据这个人说的情况,再深入调查,知道那天晚上差 5 分 8 点时,由于雷电关系,他所居住的那一个区发生停电事故,停电的时间一直延续到第二天早晨。

在对他家的搜查中,也没有发现电筒、蜡烛或其他照明工具。不过,警方最后还是相信他所说的情况,确信他与本案无关,很快便把他释放了。

停电时他是怎样读书的呢？

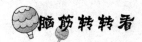

因为这人是盲人,所以阅读的都是盲文书籍,不需要任何光线照明。

# 无字天书之谜

在远郊一幢漂亮的别墅内,发现了一个盲人老太太的尸体。她伏在书桌旁,手里还拿着织针,书桌上还有一张白纸。

A 警长负责调查这宗命案。他巡察房内,发觉老太太被谋杀的可能性很大,不像是自杀。但是室内又无任何线索可令警员追缉凶犯,甚至连杀死老妇的凶器在现场也找不到,真是伤透脑筋。

当 A 警长坐在书桌前沉思时,桌上的白纸进入了 A 警长的视野;他灵机一动,忽有所悟。最后,警长就凭这张白纸缉捕到了凶手。

这张纸上到底有什么秘密,能帮助警长破案呢？

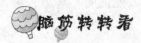脑筋转转看

原来老太太临死前在白纸上用织针刺出盲文,将她所知道的所有案犯情况都一一记录下来。

# 座位排列

一次演出中,剧院前3排中间的4个座位都满了,从以下所给的线索中,你能将座位和座位上的人正确的对号入座吗?

提　示

1. 彼特坐在安吉拉的正后面,也就是在亨利的左前方。

2. 尼娜在B排的12号座。

3. 每排的4个座位上均有2男2女。

4. 玛克辛和罗伯特是在同一排,但要比罗伯特靠右边2个位置。

5. 坐在查尔斯后面的则是朱蒂,朱蒂的丈夫文森特坐在她的隔壁右手边上。

6. 托尼、珍妮特、莉迪亚3个分别在不同排,莉迪亚的左边(紧靠)是男性。

姓名:安吉拉女士,查尔斯先生,亨利先生,珍妮特女士,朱蒂女士,莉迪亚女士,玛克辛女士,尼娜女士,彼特先生,罗伯特先生,托尼先生,罗伯特先生,文森特先生

提示:可以先找出A排13号座上的人。

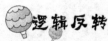
## 逻辑反转

坐在 A 排 13 号位置的（线索 6）不是彼特和亨利（线索 1），也不是罗伯特（线索 4）。朱蒂不是 13 号（线索 5），那么这条线索也排除了 A 排 13 号是查尔斯和文森特的可能性。通过排除法，在 A 排 13 号的只能是托尼，安吉拉也在 A 排（线索 1），除此之外，A 排另外还有一位女性（线索 3），她不可能是尼娜，因尼娜坐在 B 排的 12 号座（线索 2），也不是珍妮特和莉迪亚（线索 7），线索 5 排除了朱蒂，我们可以通过排除法只能是玛克辛在前排座位。她不是 10 或 11 号（线索 4），我们已经知道她不是 13号，那么肯定是 12 号。因此罗伯特是 A 排 10 号（线索 4），剩下安吉拉则是11号。现在从线索1中知道,彼特是B排11号。B排还有一位男性(线索3)。他不可能是亨利,亨利在C排(线索1),而线索5排除了文森特在B排10号和13号的可能,10号和13号还是未知。我们知道托尼和罗伯特在A排,那么通过排除法,在B排的肯定是查尔斯,但他不是13号(线索5),因此他肯定是10号。从线索5中知道,朱蒂一定在C排10号,而她丈夫文森特则是11号。从线索1和6中知道,亨利是C排的12号,而莉迪亚是那一排的13号,最后剩下B排13号上的则一定是珍妮特。

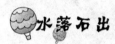

## 水落石出

A排,10,罗伯特;11,安吉拉;12,玛克辛;13,托尼。

B排,10,查尔斯;11,彼特;12,尼娜 13,珍妮特。

C排,10,朱蒂;11,文森特;12,亨利;13,莉迪亚。

# 接近水面的飞行

这事发生在第一次世界大战中。英国空军的杰克中校接受一项任务,要求在黑夜从一座大桥下飞过,保证距离水面15米的高度。这可难坏了杰克中校,因为超低空飞行时,高度显示器毫无用处,夜间飞行又什么都看不清,高度控制稍有偏差,飞机就会钻进水里,或撞在大桥上。

心事重重的杰克在伦敦街头低头前行,若有所思的想着什么,无意中进了一家音乐厅,要了一杯威士忌酒。"他妈的,这跟谋杀有什么区别!"杰克狠狠地骂道,一口把酒全喝了进去。

正在这时,黑暗的舞台上突然从左右天花板分别射出两条光柱,在光柱相交的地方,亭亭玉立地站着一位漂亮的舞女。

"噢!我有办法了!"杰克忽有所悟,兴奋地跑出音乐厅。

经过一番训练后,杰克果然顺利地完成了这项惊险的任务。

杰克想出什么办法了呢?

### 脑筋转转看

在飞机的机身上装设两处灯光,使两道光柱相交在飞机下 15 米处。执行任务时,杰克只要保证光柱交点正好在水面上,就可以安全顺利地钻过大桥。

# 多出 20 个的金币

一天,奥地利的穷苦樵夫大卫到山上去打柴,准备用打来的柴去换钱买吃的,给他的几个可怜的孩子充饥。在路上,他捡到了一只口袋,里面有 100 个金币。大卫一边高兴地数着钱,脑子里一边算计着,展现在自己眼前的是一幅富裕、幸福、美好的前景。但接着他又想到那钱袋是有主人的,他对自己的想法感到羞愧。于是他把钱袋藏在了一个不易被人发现的地方,便到山里去打柴去了。

可是,令他非常失望,直到很晚他从山上砍下的柴一点也没卖掉,因此,樵夫和他的全家只好挨饿。

第二天早上,按照那个时代流行的做法,钱袋失主的名字在大街上传了开来,把钱袋交还给他的人将能得到 15 个金币的赏金。

失主是一个爱尔兰的商人,好心的大卫来到他面前:"这是你的钱袋。"

商人接过了钱袋,却不想给大卫酬金。他仔细地查看了钱袋,数了数金币,很生气地说:"我的好人,这钱袋是我的,但钱已缺少了,我的钱袋里有120个金币,但现在只有100个了,毫无疑问,那20个,是你偷去了。我要去控告你,要求惩罚你这个小偷。"

"上帝会很公正的,"大卫说,"他相信我说的是实话。"

两个人就来到当地的一个法官那儿。法官对大卫说:"请你把事情的经过如实地向我描述一下。"

"大人。我去山上的路上捡到了这个钱袋,里面的金币只有100块。"

"你难道没有想到过有了这些钱,你可以生活得很幸福吗?"

"我家里有妻子和5个孩子,他们等着我把柴换成钱买吃的带回家。大人!您原谅我吧!在这种情况下,我是曾想过要用这些金币的,但后来我经过一番心理斗争,而且考虑到钱是有主人的,那些钱应该物归原主,而且丢钱的人一定很着急,再说了,他比我更有权力用这个钱。于是,我把这钱藏在了一个别人找不到的地方,我当时并没有直接回家,而是径直去山上砍柴了。"

"那你把捡到钱的事告诉你妻子了吗?"

"我怕她贪心,所以就没有告诉她。"

"钱袋子里的东西,你肯定一点都没拿吗?"

"大人,我肯定我一点都没拿。"

"你有什么说的?"法官又问商人。

"大人,这人说的全是捏造的。我钱袋里原先有120个金币,只有他才会拿走那20个金币。"

见二人争执不下,法官脑筋灵机一动,想出了一个主意。他一宣判,商人立刻就承认了钱袋里是100个金币。

法官对两个人说道:"既然你们都说得很有道理,那么现在很明显,事实的真相是樵夫捡到的这只装有 100 个金币的钱袋,根本不是那只有 120 个金币的钱袋,所以我现在宣判:好心的樵夫,你就拿着这只 100 个金币的钱袋继续等那个失主来认领吧!"

# 品　酒

最近的一次品酒会上,5 位威士忌专家被请来品尝 5 种由单一麦芽酿造而成的酒,每种酒的生产年份各不相同,且都产自苏格兰不同地区。从以下所给的信息中,你能说出每种威士忌的详细信息以及每位专家所给的分数吗?

提　示

1.8 年陈酿的威士忌来自苏格兰高地,它不是斯吉夫威士忌,也不是分数最低的酒。

2.格伦冒肯定不是用斯培斯的麦芽酿成的。因沃那奇是 10 年陈酿的。

3.14 年陈酿的威士忌已经得了 92 分,名字中有"格伦"两个字。

4.布兰克布恩则是用伊斯雷岛麦芽酿成的,得分大于 90 分。

5.来自苏格兰低地的威士忌肯定要比得分最高的那个早 4 年生产。

6.来自肯泰地区的威士忌获得了 83 分。

发射幻想号

## 逻辑反转

　　14年陈酿的威士忌得了92分,名字中含有"格伦"两个字(线索3),所以布兰克布恩,即伊斯雷岛麦芽酿成的、得分大于90分的(线索4)则一定是96分。肯泰地区的威士忌得了83分(线索6),而8年陈酿来自苏格兰高地的威士忌得分不是79(线索1),则一定是85分。因沃那奇的威士忌是10年陈酿的(线索2),因此苏格兰低地的威士忌不是14年陈酿的(线索5),得分不可能是92分,那么必定是79分。我们现在已经知道苏格兰低地的酒既不是8年陈酿的也不是10年陈的(线索5),因为8

年陈酿的得分是 85 分,它也不是 12 年陈酿的(线索 5),14 年陈酿的威士忌一共得了 92 分,那么苏格兰低地的酒一定是 16 年陈酿的。得分 96 的伊斯雷岛麦芽酿成的威士忌则一定是 12 年陈酿的(线索 5)。通过排除法,肯泰地区得 83 分的酒就是 10 年陈酿的因沃那奇。同样再次通过排除法,斯培斯的酒肯定是得了 92 分。而它就是名字中有"格伦"的,但它肯定不是格伦冒(线索 2),因此它只能是格伦奥特。斯吉夫威士忌则不是来自苏格兰高地(线索 1)的酒,那么来自苏格兰高地的肯定就是 8 年陈酿的格伦冒,剩下斯吉夫威士忌来自苏格兰低地,得分 79 分。

## 水落石出

格伦冒,8 年陈酿,苏格兰高地,85 分。

因沃那奇,10 年陈酿,肯泰,83 分。

布兰克布恩,12 年陈酿,伊斯雷岛,96 分。

格伦奥特,14 年陈酿,斯培斯,92 分。

斯吉夫,16 年陈酿,苏格兰低地,79 分。

# 特殊的信号

欧洲保加利亚的海滨,阳光明媚,景色宜人,一架游览的小型飞机正在海滨上空悠闲的飞行着。机上一共有 5 个游客,都是专门来保加利亚游玩的。飞机沿着靠近海岸的一边慢慢地飞翔着,突然,那个一上飞机就对风景不怎么感兴趣的身着灰色西装的乘客,拿出一把枪打碎了飞机上的通信系统。然后,用枪指着飞行员的脑袋命令道:"赶快把飞机飞到一个小岛去!"

飞行员杰克被吓坏了,他意识到飞机上遇到了劫匪,心中一阵慌乱,手脚也有些不听使唤了,飞机很快在空中摇晃起来。

"笨蛋,我不会杀你。只要你乖乖听话,按我的指示,降落在我要求的那个小岛就是了。快让飞机正常飞行。快点,我可不想让我的子弹因为生气而误伤了你的脑袋。"灰西装乘客用枪敲着杰克的脑袋说。

"好……好的,只要您不杀我,只要您不杀我。"杰克结结巴巴地说道。

飞机很快就正常飞行了,好像什么事情也没有发生一样,眼看着就要着陆了,灰西装乘客兴奋地对杰克说:"朋友,你真是好样的,我不会杀你了,只是待会我会在你的胳膊上留点纪念。你看,我亲爱的朋友来接我了。我可不想在我的朋友面前展现野蛮的一面。"

果然,小岛附近的海面上,露出一个像鲸鱼似的黑影,划开一条白色的波纹,浮上来一艘潜水艇。小岛上站着荷枪实弹的海军陆战队士兵。

"哈哈,蠢货,放下你的枪吧。睁大你的狗眼,看看是谁的朋友来了。"杰克怪笑着说。

"噢。上帝。我明白你小子是怎么干的了。原来你刚才是故意装害怕的。"灰西装乘客绝望地叫道。一着陆就被警方抓获了。

杰克是如何求救的呢?

## 脑筋转转看

飞行员杰克假装害怕,借着手忙脚乱的假象在空中按照三角形的路线飞行,基地雷达就会发现,并马上派出救生机紧急前往进行搜索。这是航空求救信号。当飞机在飞行中通信系统出现故障时,就采用这种飞行方法求助。

# 五个气球

汤姆是一个喜欢画画的 12 岁学生。一天,他独自一人来到了郊外的山上写生。他画了一幅又一幅素描,画夹子里已经有了厚厚的一沓作品。

就在这时,一个黑脸大汉从后面将他抱住,然后把他带到了山坡上的一所小房子里。绑匪把汤姆往屋子里一推,然后就命令汤姆给家里打电话,让家里拿 20 万元现金来赎人,否则就杀死汤姆。汤姆按照绑匪的意思给家里打了电话。

"小子,你还算听话。就暂时委屈你在这里住着了。我出去办点事,一会就回来,你最好乖乖的,别想出什么鬼点子,什么都无济于事,这里没有人会听到你的叫喊声的,乖乖的比什么都强。"绑匪说完锁上门就走了。汤姆一个人坐在黑暗的房子里,并没有哭,也没有害怕,而是琢磨着怎么逃出去。

汤姆发现房子很严密,密不透风。要想逃跑是不可能的,怪不得那绑匪连自己的手和脚都不用捆,就那么放心地出去办事去了。百无聊赖的汤姆翻着口袋,想找个可以玩的东西来打发时间,谁知只找到了 5 个气球。

突然,他的脑子里闪现出老师在自我救护课上讲的一个求救方式,就是用气球来演示的。他高兴得跳了起来,很快他把气球吹好,然后,扯了毛衣上的线,将气球放在了房子的外面。等候着有人能看到,通知警察来救自己。

傍晚,一个森林警察巡山时,发现了气球。将气球取下来,心里还在想是谁这么捣蛋,将气球放在人家房子旁边,不料竟然在上面看到求救信号,于是他马上通知了山下的警察,警察立刻将汤姆救了出来。

汤姆是如何发的求救信号呢?

**脑筋转转看**

汤姆把气球吹上气后,两个画上S一个画上O,3个气球放在一起就是SOS的求救信号。

# 给储蓄罐找主人

诺斯家的柜子上摆放着5个储蓄罐。他家的5个小孩正努力在存钱。从以下所给的线索中,请你描述这几个储蓄罐的详细情况和它们的颜色、名字以及各自的主人。

**提 示**

1. 蓝色的储蓄罐不属于杰茜卡,它的主人比大卫大1岁。大卫已经拥有自己的储蓄罐,大卫的储蓄罐不是红色的,它的位置在蓝色储蓄罐的右边,但是相隔不止一只储蓄罐。

2. 挨着大卫储蓄罐左边的绿色储蓄罐的主人比大卫大2岁。

3. 卡米拉的储蓄罐紧靠红色储蓄罐的左边。卡米拉比红色储蓄罐的主人年纪大,但她并不是5个小孩中最大的。

4. 黄色的储蓄罐肯定不是大卫的,它紧靠杰茜卡的储蓄罐左边,它的主人要比图中B储蓄罐的主人大了1岁,但要比大卫小1岁。

5. 本比纯白色储蓄罐的主人要小1岁,但比卡蒂大1岁,卡蒂的储蓄罐比本的储蓄罐和白色储蓄罐要更靠左一些。

6. 诺斯先生和夫人则一直想让孩子们按年龄大小,把他们各自的储

蓄罐从左到右排列,但都没有达成心愿。但事实上如果按他们的方案,目前没有一只储蓄罐在它们应该在的位置上。

颜色分别是:蓝、绿、红、白、黄

小孩名字分别是:本、卡米拉、大卫、杰茜卡、卡蒂

小孩年龄分别是:8、9、10、11、12

提示:请先找出那个12岁小孩的名字。

## 逻辑反转

12岁的小孩一定不是大卫(线索1)、卡米拉(线索3)、本和卡蒂(线索5),那么一定是杰茜卡,8岁小孩的储蓄罐一定不是蓝色的(线索1),

也不是绿色(线索2)、黄色(线索4)或者白色(线索5)的,那么肯定是红色的。储蓄罐 E 不是蓝色(线索1)、绿色(线索2)、黄色(线索4)或者红色的(线索6),那么肯定是白色的。大卫的储蓄罐不是红色的(线索1),也不是蓝色(线索1)、绿色(线索2)或者黄色的(线索4),那么颜色为白色的储蓄罐 E 就是大卫的。红色储蓄罐的主人 8 岁,则不是卡米拉(线索3)或者本(线索5),那一定是卡蒂,那么本今年 9 岁,而白色储蓄罐的主人大卫今年 10 岁(线索5),通过排除法知道,卡米拉今年已经 11 岁。杰茜卡的储蓄罐不是蓝色(线索1),或者黄色的(线索4),那么肯定是绿色的储蓄罐 D(线索2),而 C 一定是黄色的(线索4),A 不是卡蒂的红色储蓄罐(线索3),那么一定是蓝色的,而红色的只能是储蓄罐 B。因此 A 是卡米拉的(线索3),那么通过排除法知道,C 是本的储蓄罐。

## 水落石出

位置 A 是蓝色,卡米拉,11。

位置 B 是红色,卡蒂,8。

位置 C 是黄色,本,9。

位置 D 是绿色,杰茜卡,12。

位置 E 是白色,大卫,10。

# 瘪瘪的轮胎

希伯来警长快要过 60 岁生日了,可是看上去,也就四五十岁的样子,显得很年轻。这要归功于他的自行车。不管你信不信,这辆自行车已经陪他走过了三十多年的岁月,还是当年巡逻时骑的呢。后来,警察巡逻开上了警车,可是希伯来警长坚持骑自行车。他说:"坐在汽车里锻炼不了身体,连路都跑不动了,怎么抓坏人?,骑自行车还能锻炼身体,强健体魄!"

有一天下午,他骑着自行车在街上巡逻,一辆红色轿车"呼"地冲过身边,紧接着,身边传来喊叫:"他偷了我的汽车!"罗尔警长赶紧蹬车去追红色轿车,可是,自行车的两个轮子,怎么追得上四个轮子的轿车呢?才追了一条马路,他就累得直喘气,眼看轿车越来越远了。

这时候,他看见路边停着一辆集装箱货车,司机正在卸货,他扔下自行车,不管三七二十一,跳上货车,然后开足马力,继续追赶。

偷车贼还以为把警长甩掉了,心里在嘲笑:一辆破自行车,还想追我?哼,没门! 忽然,他从后视镜里看见了卡车,司机就是那个老警察! 他慌忙加大油门,警长紧追不舍,两辆车在公路上追逐着。

前方有一座立交桥,轿车一下子就从桥底下穿了过去,可是集装箱货车的高度,恰恰高出立交桥底部 1 厘米,警长一个急刹车,停在立交桥前,好险啊!

罪犯看到卡车被挡住了,还回头做个怪脸。希伯来警长气得两眼冒火,狠狠地捶了自己的腿一下。毕竟姜还是老的辣,希伯来警长马上冷静下来,看了看轮胎,立刻有了主意。

几分钟以后,集装箱卡车顺利从立交桥底下穿过,警长终于追上了罪犯。

希伯来警长用什么方法很快就让卡车通过立交桥底下的呢?

发射幻想号

🎈脑筋转转看

希伯来警长马上打开轮胎的气门,放掉了一些气,让轮胎瘪一点儿,卡车就降低了高度,立刻从立交桥底下穿了过去。

# 一小瓶药

伦敦市警察局破获了一个犯罪团伙。但在实施抓捕过程中，忙中出错，多抓了一个人。本来只有3个罪犯，结果抓进来4个人。于是这个无辜被抓的人便大喊冤枉，真正的罪犯见有人喊冤枉，也跟着喊冤。警察一下子陷入了被动局面，开始沉思起来：怎样才能确定哪一个人是无辜的呢？

警察只好求助犯罪心理学专家吉姆博士。吉姆博士沉思了一会儿，说："只要利用一下罪犯的心理，便可以确定哪一个是无辜的。"

他随手将一瓶水倒进药瓶里，对4个人说："这是国际上最新推出的一种药，有一种奇特疗效，犯罪的人一喝下，保证从表情上就能表现出来，现在请你们每个人服一瓶。"

这个方法确实很管用，很快他就把无辜的人找了出来。

你知道他是怎样分析的吗？

## 脑筋转转看

其实这只不过是一种普通的心理测试。吉姆博士利用了犯人的心理作用。真正的罪犯不会真把药服下去，而没有犯罪的人却很坦然地把水喝了。这也验证了那句俗语：不做亏心事，不怕鬼敲门。

# 拿手提箱

一列开往柏林的列车即将靠站。由于是一个小站,停车时间很短。因此,旅客们急匆匆地赶着下车。突然,一位女士大声喊道:"我的手提箱不见了! 有没有人拿错了手提箱?"

刚巧,同车厢的杰克侦探听到这位女士的叫声,马上赶过来劝她别急,看看是不是有人拿错了,女士赶紧朝四处张望,寻找自己的箱子,果不其然,看到一位男士提的箱子像自己的。于是,她一个箭步冲了上去,抓住那个男士的胳膊:"这是你的手提箱吗?"

男士愣住了,马上道歉说:"对不起,我拿错了。"于是把手提箱还给女士,自己朝出口走去。

杰克侦探看到这里,立即追过去说:"对不起,打扰了,先生,你下错了车,快回去!"说着,不由分说就把男士拉上了车。然后杰克侦探叫来警长说:"那个男子是个小偷,你去把他控制住。"警长把那个男子带到警备车厢,果然从他身上搜出了很多现金、首饰等值钱物品。铁证如山,男子没有办法狡辩,只好坦白招供。

杰克侦探是怎样看出他是个小偷的呢?

## 脑筋转转看

其实,陌生男士并没有下错车,是杰克侦探故意这样说的。如果男士说他拿错了手提箱,照理,他应该赶快回到车厢拿回自己的手提箱,但他却朝出口走。显然,做贼心虚,一定是小偷。

— 31 —

# 猜猜谁是顶峰

在安第斯山脉的某个人迹罕至之地,那里有4座高峰都被当地居民当作神来崇拜。从以下所给的线索中,你能否说出4座山峰的名字以及它们之前被当作哪个神来崇拜吗?最后将4座山峰按高度排列顺序。

1. 最高那座山峰是座火山,曾经被当作火神崇拜。

2. 格美特是被当作庄稼之神崇拜的,是 4 座山峰中最矮那座的顺时针方向上的下一座。

3. 山峰 1 是被当作森林之神崇拜的。

4. 最西面的山峰叫飞弗特尔,然而普立特佩尔不是第 2 高的山峰。

5. 最东面那座是第 3 高的山峰。

6. 辛格凯特比被崇拜为河神的山峰更靠北一些。

山峰分别是:飞弗特尔、格美特、普立特佩尔、辛格凯特

峰高次序分别是:最高,第 2、第 3、第 4

神分别是:庄稼之神、火神、森林之神、河神

提示:请先找出格美特的位置。

## 逻辑反转

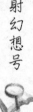

位置 3 的是第 3 高峰(线索 5),线索 2 排除了格美特是位置 4 的山峰,格美特被称为庄稼之神,而山峰 1 是森林之神(线索 3)。山峰 2 是飞弗特尔(线索 4),通过排除法,格美特是位置 3 的高峰。通过线索 2 可以知道,第 4 高峰肯定是位置 1 的山峰。辛格凯特不是位置 4 的山峰(线索 6),通过排除法,可知一定是山峰 1,剩下山峰 4 是普立特佩尔。它不是第 2 高峰(线索 4),那么它肯定是最高的山峰。因此它就是被人们当作火神来崇拜的那座(线索 1)。最后通过排除法,可知飞弗特尔是第 2 高峰,而它是人们心中的河神。

水落石出

山峰1是辛格凯特,第4,森林之神。

山峰2是飞弗特尔,第2,河神。

山峰3是格美特,第3,庄稼之神。

山峰4是普立特佩尔,最高,火神。

# 第二章　异彩纷呈

## 二氧化碳到底来自哪儿

这是个炎热的仲夏。

一名出租汽车司机死在了一辆停放在空地上的出租汽车内。他太疲倦了，坐在车中睡着了，因为二氧化碳中毒，所以窒息而死。

天太热了，后座有两箱乘客忘带了下车的冰淇淋已经溶化，用来制冷的干冰也都蒸发了。汽车的门和窗全都关得紧紧的，宛如一间密室，肯定不可能从外面透进二氧化碳之类的气体。

那么，杀死司机的二氧化碳到底是从哪儿来的呢？

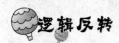 **逻辑反转**

其实凶手就是和冰淇淋一起放在箱子里的干冰。由于干冰在蒸发后会分解出二氧化碳气体，而当这种气体充满整个车内，那么就能使熟睡中的司机窒息而死。

# 肇事者

一个寒冷的冬夜,一名出诊的内科医生被汽车撞死了。

肇事者先是想逃跑,继而又想销尸灭迹,于是就将尸体和出诊的皮包一起装进车子里,快速的逃离了现场。

肇事者在路上转了很长的时间,但是由于车内太热,再加上做贼心虚,他大汗淋漓,吓得不知怎么办好,后来,他镇定下来,决定把尸体扔在一个池塘里。

"这个尸体在被扔进池塘之前,一定是在24℃的环境中待过。"

警官检查了湿透而冰冷的尸体和皮包之后,一眼就看出了肇事者露出的破绽。

你知道警官到底是怎么判断的吗?

## 逻辑反转

因为出诊皮包里的体温计所指示的温度是24℃,虽然池塘里温度很低,但是体温计里的水银不会自动下降。

# 出师未捷

在最近举行的乡村板球比赛中,排名靠前的3名种子选手发挥得都不理想,都是因为某个问题出局。从以下所给的线索中,你能否找出得分记录簿中各人的排名以及他们出局的原因和总共得分的场次数吗?

## 提 示

1. 犯规的板球手得分的场数比克里斯少一些。

2. 史蒂夫得分的场数肯定不是 2,他得分要比被判 LBW(板球的一种违规方式)的选手要低一些。

3. 哈里肯定不是 1 号,因滚球出场,他的得分不是 7。

4. 3 号的得分肯定不是 4。

## 逻辑反转

哈里滚球了(线索 3),而史蒂夫不是 lbw(线索 2),所以他一定是犯规的,剩下克里斯是 lbw。得了 7 分的不是哈里(线索 3),也不是史蒂夫(线索 1),那么一定是克里斯。史蒂夫得分不是 2 分(线索 2),所以一定是 4 分,而哈里是 2 分。史蒂夫不是 3 号(线索 4),也非 1 号(线索 2),那么他肯定是 2 号。哈里不是 1 号(线索 3),则肯定是 3 号,剩下 1 号肯定就是克里斯。

发射幻想号

## 水落石出

1 号是克里斯,lbw,7 分。

2 号是史蒂夫,犯规,4 分。

# 假日的阵营

　　调查者是正在英国海滩上采访 4 个"快乐周末无极限"阵营的工作人员。从以下所给的信息中,你能说出每个被采访者的姓名以及他们的工作和为哪个阵营服务吗?

 提　示

　　1. 某个演艺人员(白天逗小孩子开心的小丑,晚上为父母表演)他在欧的海阵营工作,而且他不是菲奥纳和巴克赫斯特,后两人也不在布赖特布朗工作。

2.护士凯负责节假日工作人员的健康问题,她不姓郝乐微,而且也没有被海湾阵营雇佣。

3.在罗克利弗阵营工作的沃尔顿的名字并不是保罗,他也不是厨师。

## 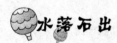 逻辑反转

　　姓巴克赫斯特的人不在欧的海和布赖特布朗工作(线索1),沃尔顿在罗克利弗工作(线索3),那么姓巴克赫斯特的人肯定是在海湾工作,但他的名字不是菲奥纳(线索1),菲奥纳也不在欧的海和布赖特布朗工作(线索1),那么她一定是在罗克利弗工作,她姓沃尔顿。护士凯不在海湾工作(线索2),在欧的海阵营工作的是个演艺人员(线索1),那么凯肯定在布赖特布朗,凯的姓不是郝乐微(线索2),我们知道她不是在海湾工作的巴克赫斯特,那么她肯定是阿米丽。厨师不是保罗和菲奥纳·沃尔顿(线索3),那么只能是本。在欧的海阵营工作的演艺人员不是菲奥纳·沃尔顿,而是保罗,而菲奥纳·沃尔顿则是阵营管理者。那么通过排除法,厨师本姓巴克赫斯特,保罗姓郝乐微。

## 水落石出

　　本·巴克赫斯特是厨师,海湾。
　　菲奥纳·沃尔顿是管理者,罗克利弗。
　　凯·阿米丽是护士,布赖特布朗。
　　保罗·郝乐微是演艺人员,欧的海。

発射幻想号

# 前方施工

正值度假高峰期,委员会决定将通往景区的必经之路实施拓宽。以下 6 辆游客车被堵在施工场地大概有 40 分钟。你能否从所给的线索中,说出每辆游客车的司机名字以及车的颜色,还有游客的国籍和每辆车所载的游客人数?

 提 示

1. 阿帕克斯的汽车紧跟在载芬兰游客的车的后面,后者要比黄色的那辆汽车少载 2 人,黄色的那辆汽车载的人数要少于 52 人,在阿帕克斯汽车的后面。

2. 没有载俄罗斯游客的蓝色汽车紧靠在贝尔的汽车之前,前者比后者至少要多出 2 人。

3. 红色汽车紧跟在载有 47 名游客的汽车之后,紧靠在载有澳大利亚游客的汽车之前。

4. 墨丘利的汽车则在载有日本游客的车之后,且相隔一辆车,后者亦在橘黄色车的后面,并不相邻。墨丘利的汽车载的游客都比这两者要多,但要比美国游客乘坐的那辆少。

5. 乳白色汽车紧跟在 RVT 的汽车的后面,后者紧跟在意大利游客乘坐的汽车之后。乳白色汽车载的游客要比意大利游客多,但是要比 RVT 少至少 2 人。

6. 肖的车紧靠在俄罗斯游客乘坐的车的前面,而且要比后者多载 3 人,但它并不是游客人数最多的车。

7. F 车要比 A 车多载一个人,比 E 车少载 3 人,绿色汽车要比 D 车多不止 1 人,但要比 B 车少不止 3 人。

汽车司机是阿帕克斯、贝尔、克朗、墨丘利、肖、RVT

汽车颜色是蓝、乳白、绿、橘黄、红、黄

游客国籍是澳大利亚、芬兰、意大利、日本、俄罗斯、美国

游客人数是 44、45、46、47、49、52

提示:首先推测出 F 车中的游客人数。

## 逻辑反转

从线索 7 中得知,F 车不可能载有 44、45、47、49 和 52 个旅客,那么它一定载 46 个人,而从同一条线索中可以知道,A 车载有 45 个旅客,E 车有 49 个。A 不是阿帕克斯开的(线索 1),也不是贝尔(线索 2)、墨丘利(线索 4)和 RVT(线索 5)开的,因为没有载 42 个人的车,所以也不可能是肖开的(线索 6),那么一定是克朗。A 不是黄色的(线索 1),由于没有载 43 人的车(线索 2 和 7),因此也非绿色,也不是红色(线索 3)或者乳白色的(线索 5),所以 A 一定是橘黄色的。从线索 7 中知道,B 车载有 52 个旅客,它不是绿色的,而 D 不是载 47 人,一定是 44 人。剩下的那辆汽车 C 载有 47 人。因此 D 是红色的,而澳大利亚游客在车 E 中(线索 3)。我们知道 B 并不是绿色的,当然也不是黄色的(线索 1),或者乳白色的(线索 5),那么一定是蓝色的,然而 C 是属于贝尔的(线索 2)。车 F 载有 46 个游客,不是肖的(线索 6),也不是 RVT(线索 5)和阿帕克斯的(线索 1),那么一定是墨丘利的。从线索 4 中知道,红色车内的游客来自日本,现在从线索 5 中知道,乳白色的车不是 E 和 F,那么肯定是 C,蓝色的车是属于 RVT 的,橘黄色的车载了来自意大利的游客。阿帕克斯的汽车一定是 D(线索 1),那么乳白色的 C 车上游客肯定来自芬兰,而黄的那辆就

发射幻想号

是 E。通过排除法,绿色那辆就是 F。RVT 的蓝色 B 车载的游客不是来自俄罗斯的(线索 2),那么一定来自美国,俄罗斯游客在墨丘利的 F 车中。另外,黄色的 E 车则是属于肖的。

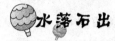**水落石出**

A 车是克朗,橘黄色,意大利,45 人。

B 车是 RVT,蓝色,美国,52 人。

C 车是贝尔,乳白色,芬兰,47 人。

D 车是阿帕克斯,红色,日本,44 人。

E 车是肖,黄色,澳大利亚,49 人。

F 车是墨丘利,绿色,俄罗斯,46 人。

# 迁 徙

电脑技术专家爪乌,在最近的 12 年里面,曾为 5 个公司工作过,而且每换一次工作,他都要搬一次家,所以称之为"职业迁徙"。那么从以下所给的线索中,你能找出他每次换工作的年份、公司的名字以及他新公司的所在城镇和新家的地址吗?

**提 示**

1. 1985 年爪乌住在金斯利大道,那时他不在查普曼·戴尔公司。

2. 1991 年之后的一段时间里,他在福尔柯克工作。

3. 他离开马太克公司后,就在地恩·克罗兹居住,之后又紧接着在加的夫居住。

4. 他卖了麦诺路的住宅以后就去了伯明翰，为欧洲奎斯特公司工作。

5. 当他为戴特公司工作时，住在香农街，戴特公司的基地不在苏格兰。

6. 普雷斯顿的济慈路是他曾经住过的地方。

## 逻辑反转

欧洲奎斯特公司曾在伯明翰（线索4），普雷斯顿的济慈路是他曾经的住址（线索6），他为戴特公司工作的时候，他住在香农街，而当时不在格拉斯哥和福尔柯克（线索5），则一定在加的夫。他1991年去了福尔柯克（线索2），那么从线索3中能够知道，马太克不是1985年他住在金斯利大道时工作的公司（线索1），而且也不是查普曼·戴尔公司（线索1），所以一定是阿斯拜克特公司。通过排除法，它一定在格拉斯哥。当他为欧洲奎斯特公司工作时，他不住麦诺路（线索4），所以一定在地恩·克罗兹，剩下麦诺路是他1991年去福尔柯克住的地方。从线索3中知道，地恩·克罗兹不是1987年和1997年的地址，所以一定是1994年的住址。同理，从线索3中知道，他1991年去的是马太克，在1997年时去了加的夫的香农街（线索3）。通过排除法，他在为查普曼·戴尔公司工作时，住在普雷斯顿的济慈路，时间是1988年。

## 水落石出

1985年是阿斯拜克特，格拉斯哥，金斯利大道。

1988年是查普曼·戴尔，普雷斯顿，济慈路。

1991年是马太克，福尔柯克，麦诺路。

1994 年是欧洲奎斯特,伯明翰,地恩·克罗兹。

1997 年是戴特,加的夫,香农街。

# 愚蠢伪证

　　一个大富翁的独生女儿被绑匪绑票。数日后,其尸体在郊外一幢别墅中被人发现。

　　"这幢别墅距今已经两年没人来了,我今天来到这里是想看一下房子,准备卖掉,没有想到打开衣橱竟然发现年轻女郎的尸体,当时把我吓得差点昏过去。由于这幢别墅常年没人住,所以我想绑匪大概是在这里

藏匿过的人。"

别墅主人 B 这样说。

但是警官在检查衣橱时候，偶然发现里面有樟脑丸，立刻严厉地说：

"你所作的是伪证。你说这里两年没有来过人，完全是假的。很可能这起绑票案和你有关，现在我们要对你进行调查。"

请问，警官怎么突然发现 B 是在说谎呢？

 **逻辑反转**

警官在衣橱里面发现了樟脑丸，那么这就证明别墅主人 B 说的是假话。如果别墅真是两年没有人来过，那么以前的樟脑丸应该早就挥发，消失得无影无踪了。

# 莎士比亚与朋友们

最近的研究发现，除了闻名世界的作品以外，著名作家莎士比亚还曾和一些剧作家合著了 5 部剧本，结果这些剧作由于价值不大而被世人逐渐遗忘。从以下所给的线索中，你能分别找出各剧本的创作年份、莎士比亚的合著者以及能够证明这些作品存在过的证据吗？

 **提 示**

1. 写在 1606 年的作品是通过以下途径证实的：在侍臣莱塞·卡夫先生写给他兄弟的信件中持批评的口气提到了这部作品在格罗布剧院上演的情形，所以这部作品不是莎士比亚和格丽波特·骇克一起写的。

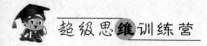

2.那个只剩下标题页的剧本是在《暴风雪》之前两年写的,也是莎士比亚和亚当·乌德史密斯合作之后两年写的。

3.莎士比亚与罗伯特·威尔合作的剧本存在的唯一证据:唯一一次演出中的一位演员理查德·伯比奇在他的日记中提到过,但是不完整的。这部作品题目有两个词。

4.莎士比亚和托马斯·巴德合作的《国王科尔》是用流行至今的韵律写的,它比在英伦敦塔前一张海报而留给我们唯一印象的剧本迟两年完成写作。

5.《特兰西瓦尼亚王子》是莎士比亚和其中一位合作者在1610年所著的。

6.莎士比亚手稿中的一页则是关于《麦克白归来》的,诗歌和戏剧方面的专家认为有可能是真迹。

作品分别是:《国王科尔》(King Cole),《麦克白归来》(Macbeth Returns),《暴风雪》(The Snowstorm)以及《第戎的两位女士》(The Two Ladies of Dijon)和《特兰西瓦尼亚王子》(Prince of Transylvania)

## 逻辑反转

从日记中得到证据的罗伯特·威尔的剧本并不是《第戎的两位女士》、《特兰西瓦尼亚王子》(线索3),也不是《国王科尔》,由于《国王科尔》是和托马斯·巴德合作的(线索4),《麦克白归来》是莎士比亚手稿中的残页(线索6),罗伯特·威尔的剧本一定是《暴风雪》。《特兰西瓦尼亚王子》是1610年写的(线索5),但标题页出名的作品不是1608年写的,亚当·乌德史密斯的作品并不是1606年写的(线索2),后者是从信中为大家所知的(线索1)。1606年的作品并不是和格丽波特·骇克合作的(线索1),也不是同托马斯·巴德合作的(线索4),所以一定是和约瑟夫·斯格威尼亚合作的。我们知道它不是《暴风雪》、《特兰西瓦尼亚王子》、《国王科尔》和《麦克白归来》，所以一定是《第戎的两位女士》。托马斯的《国王科尔》不是因为海报而出名的(线索4)，也不是因残页出名，而是以它的标题页为大家所知，剩下的，海报则是1610作品的证据，它是《特兰西瓦尼亚王子》。从线索2中可知，《国王科尔》是1612年写的，从同条线索中知道，亚当·乌德史密斯一定是在1610年写的《特兰西瓦尼亚王子》，然而从日记中浮出水面的《暴风雪》是1614年写的。通过排除法可知，手稿中的残页《麦克白归来》是1608年写的，它是和格丽波特·骇克一起合作的。

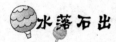

## 水落石出

1606年是《第戎的两位女士》，约瑟夫·斯格威尼亚，信。

1608年是《麦克白归来》，格丽波特·骇克，手稿残页。

1610年是《特兰西瓦尼亚王子》，亚当·乌德史密斯，海报。

1612年是《国王科尔》，托马斯·巴德，标题页。

1614年是《暴风雪》，罗伯特·威尔，日记。

发射幻想号

# 卖 画

唐伯虎在京城游人很多的故宫前挂了一幅自己画的画。画中是一只黑毛大狗，画的旁边有一说明:此画是谜语画，有买者付银20两，猜中此画谜语者分文不取，白送此画。画一挂出，吸引了许多游客，人们七嘴八舌地猜了起来，可惜猜了半天没一人猜中。这时，来了个手拿纸扇的秀才，秀才摇着扇子站在画前欣赏了一番，一句话都没有说，取下画转身就走,人们看到这一行动都很诧异。唐伯虎忙上前问道:"你是要买这张画吗?"秀才仍然不做声,只是摇摇头。"那你猜中这幅画的谜底了吗?"秀才点点头。唐伯虎说道:"请说出谜底是什么?"秀才还是一声不吭。

唐伯虎笑笑,又连问秀才几遍,秀才仍然不做声也不回答,拿着画自顾走了。唐伯虎望着秀才的背影哈哈一笑:"猜中了!猜中了!"说完了,也扬长而去。

请问,这张画的谜底是什么字?秀才为什么一声不响呢?

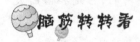

狗又称犬,这张画打一"默"字。秀才不说话意为默不出声,故为猜中。

# 日本式住宅的玄机

在日本北海道的一天深夜,在一个偏远小村庄尽头,一间古老的农舍里发生了一起凶杀案。那是一间拥有 6 个榻榻米大的房子,一个独居的男子被人用刀刺死在里面。

尸体是在第二天早晨被发现的。当地农民向警方报了案。警方派出了对当地情况非常了解的警探小野前去侦破此案。小野来到小村庄,对农舍进行了仔细搜查,但是令人不可思议的是,农舍的门、窗都从里面锁起来的,而且木板套窗也都被钉死了,也就是说,这个房子从内部密封完好宛如一间密室。

那么凶手在杀死被害者后,是如何从这间密室逃走的呢?

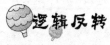 **逻辑反转**

在老式日本式房子中，就算门和窗都上了锁，仍然有一个地方可以打开，那就是榻榻米下面的地板。凶手在房内将被害者杀死以后，特意将门窗关了起来，使房间变成密室，再从榻榻米下面逃脱。

## 急中生智

众所周知，日本人喜欢住木房子。在一间木屋内，住着两个好朋友，一个叫本上，一个叫星野。本上是个瘫子，星野双目失明。因为这两人是从小玩到大的好朋友，所以直到现在还住在一起，关系是显而易见的好。

有一年秋天,他们住的这一带的木房子发生了火灾,当时正好是冬天,气候干燥,风又特别大,村子转眼就是一片火海。邻居们都慌了手脚,只顾各自逃走,忘记了本上和星野。他们俩知道发生了火灾,也十分紧张,不知如何是好。

突然,本上想出一个妙法,能够使他们有惊无险的离开火灾区,而且最后也成功了。你能知道本上想的什么方法吗?

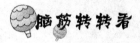

让星野背着本上逃走,而由本上指路。

# 苏珊的一计

在一幢豪华的住宅之中,一男一女正在激烈地争吵。男的名叫迈克,是一个逃犯,女的叫苏珊,原来是迈克的女朋友。

后来苏珊因为迈克不务正业,早就已经与他分手。迈克刚从监狱里跑出来,他急需要钱,因此就来找苏珊勒索钱财,用来保命。

"迈克,我不怕你!"珍妮气愤地说,"只要我大声一喊,我的邻居们就会赶来把你送到警察局。""哈哈哈……"迈克冷笑道,"你如果敢喊邻居,我就先杀死你。"迈克恐吓苏珊说,并抽出一把匕首。

苏珊无奈,只得把所有的钱都拿出来。她对迈克说:"现在钱已经到你手了,我没你力气大,又不敢喊人,你可以放心地走了。不过,走之前你能陪我喝一杯酒吗? 怎么说以前我们也曾经爱过。"她到厨房里倒了一杯酒,加了点冰,递给迈克。

迈克怕苏珊在酒里下毒,不想喝这杯酒。

苏珊说:"你放心好了,你要不相信的话,我先喝一口,你再喝也可以。"于是,苏珊拿起酒杯自己先喝了一口。

迈克看苏珊喝了没事儿,胆子也大了,他接过酒来一饮而尽。

但是,一杯酒刚下肚,他马上觉得头重脚轻,原来苏珊下了烈性麻醉药,迈克立刻昏倒在地上。

苏珊马上报警,把迈克拘捕起来。

苏珊把麻醉药放在什么地方,才可以不把自己麻醉倒,而又使对方中计呢?

### 脑筋转转着

苏珊把麻醉药品涂在酒杯的一边,自己用的是没有麻药的一边,而交给对方时正好是酒杯的另一边,因此,迈克就被麻醉倒了。

## 尸体会走路

清晨,在离 A 市 20 千米的郊区火车道旁发现了一具尸体。死者明显是被人用绳子勒死的。

法医认为死亡时间应该是昨晚 10 时左右。

根据警方调查的结果判断,认为某男子疑点很多,又经进一步查证而将他逮捕。

但是,这名男子从昨晚 8 时到今天上午被捕前,一直都待在 A 市内,不曾到过郊区。

那么,这个一步都没有离开 A 市的人到底是用什么方法将尸体扔到了 20 千米外的地方呢?难道尸体自己能走路吗?

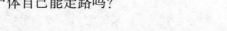

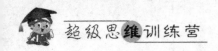
而且他作案是独自一人的,根本没有同犯。

## 逻辑反转

在 A 市车站的附近,有一个横跨铁路的大桥。凶手趁着天黑,从路桥上将尸体丢到正从下面经过的一辆货车顶上。

但是由于货车刚从 A 站开出,速度不快,这才使凶犯得手,尸体被带到 20 千米外才掉下去。

# 驯兽女郎之死

凯特是马戏团的驯兽女郎,她的绝活就是把头放在狮子的大嘴之中。她表演这样的绝技已经有几百次了,从来没失过手。

一天晚上,又轮到凯特出场表演。像以前一样的程序,表演前,她先在化妆室中化妆。然后,她像往常一样,在头发上擦了些油,使头发在射灯下变得更光亮。

在一阵激烈的鼓声中,凯特把头伸入了由她一手训练好的雄狮嘴中。突然之间,这只雄狮竟然做出一种很奇怪的表情,猛然把嘴合上了,可怜的凯特就此而死亡。

事件发生以后,警方立即进行调查。

很多人都顺理成章的认为这是意外事故,是由于狮子突然野性发作而将凯特咬死,但经过仔细观察,却并没有发现狮子有任何异常现象。

据警方调查了解,在事发前一晚,马戏团的艺员罗尔曾向凯特求婚遭到拒绝,罗尔当时恐吓说要杀死凯特。在凯特最后一次演出化妆前,有人见到罗尔手里拿着一个玻璃杯偷偷溜入凯特的化妆室。种种迹象都表明罗尔可能与此案有关,于是警察再次搜查凯特的化妆室,终于发现秘密就在那瓶发油上。

你猜到是怎么回事吗?

**脑筋转转看**

罗尔向那瓶发油里加了一些刺激性油剂。当凯特把头伸进狮子口中时,狮子受到刺激,忍不住要打喷嚏,当时脸上出现的奇怪的表情就是这

个原因,接着狮子因为控制不住就猛然把嘴合上。

# 闪光灯的妙用

间谍保罗奉命执行任务,背着带有闪光灯的照相机伪装成一名记者,利用伪造的证件,潜入 F 国举行的一场外交集会中。

保罗很镇定地穿梭在这些社会名流之中。就在他不停拍照时,负责集会治安的保安人员向他走了过来,非常客气地对保罗说:"请把您的证件给我看看。"

保罗镇定地掏出证件,递给保安,保安人员仔细地看了一会儿,突然说道:"你的证件是伪造的。你到底是什么人?"一面说一面准备从口袋掏手枪。

保罗知道自己的身份已暴露,想要立即逃走,虽然他站的地方离大门很近,但如果就此转身,对方一旦拔出手枪,自己就会毙命。

千钧一发之际,保罗灵机一动,顺利地逃出了大门。

你知道保罗是怎么逃出来的吗?

### 脑筋转转看

保罗用相机的闪光灯对着保安的眼睛闪了两下,使保安人员的眼睛暂时失明,他就趁机逃走了。

# 被骗的刺客

深夜，一名刺客举着枪闯进了大律师迈克的办公室："对不起，大律师，你的末日到了！"迈克却端着酒杯，镇定的问道："不要紧张！谁派你来的？佣金够多吗？我出三倍的价钱怎么样？"刺客一听有点动心。

迈克倒了一杯酒，端到刺客面前，带有几分讥讽继续对刺客说道："怎么样，不喝一杯？是不是喝下去你的手就拿不稳枪啦？"刺客不敢放松警惕，右手举着枪对准迈克，伸出左手接过酒杯，一仰脖子一杯酒很快就下了肚。紧接着他急切地问迈克："你真有钱吗？""那个保险柜有的是。"杰克指着桌子后面的保险柜自信的说道。为了使刺客放心，杰克一只手端着酒杯，另一只手打开保险柜，拿出一个鼓鼓的信封放在桌子上。

就在刺客把手伸向信封的一瞬间，迈克飞快地把刺客用过的酒杯和保险柜里的钥匙都放进了保险柜，关上柜门并拨乱了数字盘。"啊，你他妈干什么，别跟我要小聪明？"刺客见状，立刻把枪口对准迈克。迈克微微一笑："你开枪吧，即使你杀死我以后逃走，你迟早也会被捕，因为你留下了决定性的证据。"

你知道这是怎么回事吗？

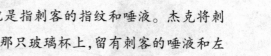

迈克所说的"决定性的证据"就是指刺客的指纹和唾液。杰克将刺客喝过酒的酒杯锁进了保险柜。在那只玻璃杯上，留有刺客的唾液和左手的指纹。

# 第一现场

　　在黑社会的互相残杀中,有一歹徒 A 被另一伙杀死。但是为了制造假象,另一伙歹徒将 A 的死尸在大型冰箱里冷藏了两天,而且到第二天晚上才把尸体搬到山村公园的断崖上,伪装成 A 是在这里被杀而掉到10几米深的山谷中的样子。

　　第二天清晨,尸体被人发现,报案后警方立刻展开侦查行动。

　　"他已经死了有三四天啦!"

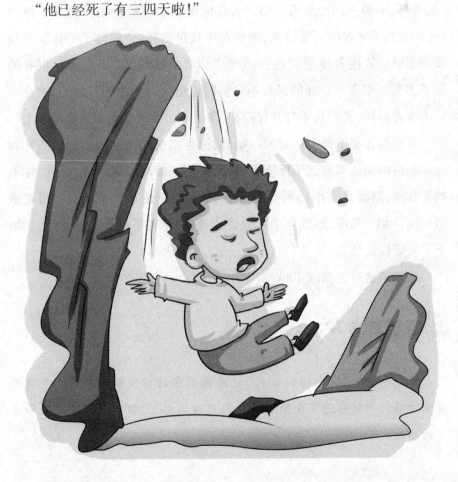

听到法医这样分析，警官 A 看到死者腕上的自动手表仍然还在走动，就斩钉截铁地说："既然这样，那么这里就不是凶杀的第一现场。他一定是在别处被杀的。也许就是在昨天晚上才被移到这里，被从断崖顶上推落下来的。"

那么究竟证据是什么呢？

## 逻辑反转

死者腕上带的是一块自动手表。如果他真的是在这里被杀害而经过三四天才被发现的话，手表的表针应该是静止不动的。

尸体在冰箱中时表针已经停止走动，但是当凶手把尸体搬动时，手表又自己动起来，所以警官 A 才推测出上面的结果。

# 《圣经》之谜

大约 4 世纪的时候，英国有个名叫艾布特的惯偷，多年来他一直行凶作案，终于有一天他被抓了，并准备处以死刑。

当时的英国国王是詹姆斯六世，他因钦定《圣经》而闻名。艾布特抓住了这个机会对狱卒说："听说国王喜欢《圣经》，为表示对国王的忠心，临死前我想读一读《圣经》，请国王允许我把《圣经》读完后再死。"

狱卒马上把艾布特的想法上奏给了国王。国王听了狱卒的上奏后，说："满足他的愿望吧，在他读完《圣经》之前，暂停执行死刑。"得到国王的许可，艾布特欣喜若狂，他当即写了一份阅读计划交给审判官，并说自己要好好品读《圣经》，直至背下来。审判官顿时醒悟，国王上当了。实际上艾布特借此取消了自己的死刑。

你知道聪明的艾布特是怎样借机取消自己的死刑的吗？他的阅读计划是什么？

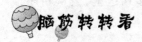

艾布特对审判官说："我得慢慢地品味，每天一行左右。"审判官问："那不是需要几百年吗？"亚当斯说："国王陛下只是许可我读完《圣经》再被处死，并没有讲什么时候读完啊！"

# 皇冠的宝石之谜

欧洲某国家博物馆展出了一顶中世纪的皇冠。皇冠上的特大钻石引起了众多参观者的兴趣。博物馆视这顶皇冠为重点保护对象，严加看护。可是即使这样还是有失误的时候，皇冠上的宝石最终还是被盗了。

博物馆的警卫向前来调查此事的国家安全专家报告：报警器没有响，皇冠展橱和馆内所有的门窗都完好无缺。

安全专家鲍伯见皇冠展橱，是个精致而坚固的透明罩，在它的基部交接处有一个对位孔，窄小得只能容一只小老鼠通过。忽然，他眼睛一亮看见展橱边沿有一根白色的细毛。

第二天，鲍伯让手下在报纸上刊登一则消息："盗窃皇冠钻石的罪犯现已被捕，正在审讯中。"同时登出了罪犯的相片。

半个月后，他以化名在报上登出一则启事："我因不慎将一块瑞士高级金表滑落至25层楼的下水道中。如有高手能不损坏建筑而把表取出来，本人将以金表价值的一半酬谢。"

几天后，助手向他汇报："有一个医生模样的人，说他训练了一只灵巧的小白鼠,可以担此重任。"鲍伯高兴地叫道:"好,马上逮捕他,他就是盗窃钻石的罪犯。"

鲍伯是如何让罪犯自投罗网的呢?

证据就是那根白色的细毛。巴特将细毛带回去后,经鉴定是白鼠身上的毛。为了麻痹罪犯,他故意制造假新闻,说罪犯已被抓获。然后,他又以高额酬谢为诱饵,让罪犯自投罗网。

# 厕所的妙用

戴维是一个高智商犯罪分子,他曾用计算机偷窃 A 国一家银行几十亿美元,甚至,曾经用计算机窃取某国的国防机密。当然,法网恢恢,疏而不漏,他最终还是被警方抓获,并被法院处以终身监禁,关押在 A 国保安系统最先进的监狱里。

监狱里面给他安排了一间单人牢房,里面条件很好,有看书的地方,睡觉的地方,还有一间独立的厕所。戴维在这里表现也很好,从不违反规定,管教也都很喜欢他。

两年后的一天晚上,在查房的时候出乎人们意料,竟然发现戴维失踪了,更直白的说是他越狱逃跑了。

狱警在他的牢房的一幅画后面,发现一条通往监狱外长达 20 米的地道。根据警方测算如此长的地道,需要挖出 20 多立方米的土方,可警方连一捧土都没找到,狱警自言自语道:"难道他把土吃了不成?"

狱警马上请来了著名侦探杰克。杰克来到戴维的牢房后,经过仔细勘查,找到了戴维越狱的证据。

发射幻想号

杰克找到的谜底是什么呢?

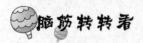

原来戴维在他每天上厕所时将他挖出来的土一点一点地带到厕所里,然后上厕所顺便把土冲走。

# 奇异的交通事故

深夜,巡逻警车发现一起交通事故。

一名头戴安全盔的年轻人倒在路上,人已死去。在其尸体前方约3米处,有辆摩托车似乎因撞上电线杆横在那里。摩托车发动机没有熄火,后轮仍然在空转。

"一定是开快车撞了电线杆才发生这起车祸的,你看摩托车还没熄火呢。"

警察 A 这么说,但警察 B 对现场的情况有所怀疑。他认真分析了现场情况后对 A 说:"不对! 这不像一起寻常的撞车事故。我认为肯定是有人谋杀这个年轻人后,故意伪装成撞车事故的。"

请你分析:谁说得对?

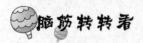逻辑反转

警察 B 说得正确。

这根本不是一起交通事故。关键是尸体的位置不对。如果真是摩托车驾驶者开快车撞上电杆发生车祸,那么由于惯性的原因,骑车人本应该

被甩出去,摔到车的前方才对。

# 30 周年庆祝酒会

　　华尔酒店总经理艾德先生举办了一场酒会,邀请许多中外名流来庆祝他的酒店成立 30 周年,并将自己收藏多年的珍贵邮票、明信片拿出来供大家观赏。

　　这时,A 国的一个贼眉鼠眼的家伙趁大家不注意,顺手摸瓜的拿起一张纪念明信片装到了自己的上衣口袋里,不过,这一动作还是被总经理发

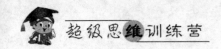

现了。总经理心里琢磨着,如果当场揭穿吧,肯定会让酒会扫兴;假装没看见吧,自己的宝贝眼看就要属于别人了,他又不甘心。而且这种行为实在让经理难以忍受。

忽然,他脑袋来了灵感,他请来一个魔术师,把刚才那个家伙偷东西的情况给魔术师讲了一遍,请魔术师帮助他取回宝物,魔术师很自信的就答应了。

于是,艾德对来宾说:"各位朋友,为给今天的酒会助兴,我特地请来著名的魔术师为大家表演精彩的节目。"魔术师上台随便表演了两个小节目,便成功地将宝贝取了回来。

请问,魔术师使的什么妙计,既取回了宝物又不使那家伙难堪?

### 脑筋转转看

魔术师拿来了一个仿真的纪念明信片,然后假装变魔术,将假的扔掉以后,对着众人宣布,他已经将明信片放进了那个家伙的衣袋里,这样,真的明信片很自然地就拿了回来。

# 拉驴尾巴

杰森探长和一个商人一起在一个岛上旅行。走着走着他们遇到了土著居民,就跟他们一起行走一起歇息。

一天早上,商人醒来后发现自己的钱被别人偷走了。头人听到这个消息非常痛心,因为他常常告诫他的族人永远不能做贼。他对商人说:"我的朋友如果有人拿走了你的钱,我保证一定在天黑之前把钱交还给你。"

头人和杰森探长商量破案的办法以后,就把土著居民集合在一起。他说:"你们每一个人都必须轮流到我的帐篷里去,拉一拉我那驴的尾巴。要知道这头驴是非常聪明的,它有着一种特殊功能,如果有小偷拉它的尾巴它就能感应到那个是小偷,然后就会大声叫提醒我们那个人就是小偷。"

所有的土著居民一个接一个进入头人的帐篷,大家都一声不响,拉过驴的尾巴之后都竖起耳朵听着,直到最后一个人从帐篷里出来时,驴还是一声没叫。商人很是惆怅,心里想这下钱一定找不到了。

这时,头人让他们站成一排:"现在你们都把手伸出来。"他命令道。于是各种各样,大小不一的手都伸了出来,头人从他们面前走过,一个一个地嗅他们的手。他走到队伍的末尾站住了,他把最后一个人的手嗅了又嗅慢慢抬起头,盯着这个人大声说:"你就是贼,还不把钱币拿出来!"

那个人乖乖地跑到树边一块大石头旁,把藏在下面的钱袋拿了出来。

这是怎么一回事呢,头人是凭借什么判断出来最后一个人就是小偷呢?

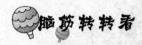 脑筋转转看

小偷因为害怕驴子会叫,所以他不敢拉驴子的尾巴;而头人在驴子的尾巴上涂了一层有浓烈气味的油脂。谁的手上没有气味,谁就是小偷。

# 送错的牛奶

送奶工出去度假,他拜托他的亲戚瓦利早上替他去送奶,结果把某街道中的1、3、5、7号人家的牛奶送错了。从以下所给的线索中,你能说出这4户人家分别住的是谁、他们本应该收到的和实际收到的牛奶瓶数是多少?

 **提 示**

1. 那天早上布雷特一家一共订购了4瓶牛奶。

2. 1号人家收到的要比劳莱斯订购的牛奶瓶数少了一瓶,而劳莱斯一家那天收到的不是2瓶牛奶。

3. 克孜太太那天早上发现门口放有3瓶牛奶,她和汀斯戴尔家中间隔了一户人家,克孜每天要的牛奶比汀斯戴尔家多。

4. 瓦利在5号人家门口只留有一瓶牛奶。

5. 7号人家应该收到的是2瓶牛奶。

家庭分别是:布雷特、克孜、汀斯戴尔、劳莱斯

订购分别是:1、2、3、4

收到分别是:1、2、3、4

提示:先找出劳莱斯一家每天订购的牛奶是多少瓶。

**逻辑反转**

瓦利在5号只留了一瓶牛奶(线索4),但是从线索2中知道,1号收到的是2瓶或者3瓶,然而劳来斯本来应该收到的是3瓶或者4瓶(线索2)。那天布雷特一家期望得到的是4瓶(线索1),劳莱斯本来应该收到的是3瓶,而1号当天收到的是2瓶(线索2)。那么收到3瓶的克孜太太(线索3)应该是住在3号或7号,汀斯戴尔一家也应该住在3号或7号(线索3)。克孜订的不止是1瓶(线索3),我们知道她的也不可能是3瓶或者4瓶,那么肯定是2瓶,所以她住在7号(线索5),汀斯戴尔一家住在3号,从线索3中知道,他们订了1瓶牛奶,但是通过排除法,那天他们收到的是4瓶牛奶。从线索2中知道,瓦利在劳莱斯家放的不是2瓶,

所以他们不住在1号,所以肯定住在5号,那天收到了1瓶。剩下布雷特一家住在1号,原本订了4瓶实际上只收到2瓶。

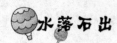

1号是布雷特,订购4瓶,收到2瓶。

3号是汀斯戴尔,订购1瓶,收到4瓶。

5号是劳莱斯,订购3瓶,收到1瓶。

7号是克孜,订购2瓶,收到3瓶。

# 第三章　异曲同工

## 狼与狐狸的相遇

狼和狐狸都是爱说谎的动物。森林里的虎大王为此订下一条有趣的法律:狼只能在星期一、二、三的时候说谎,其余的时间都要说真话;狐狸则只能在四、五、六说谎,其余的时间都要说真话。

有一天,狼遇到了狐狸。狼说:"昨天是我说谎的日子。"狐狸也说道:"昨天是我说谎的日子啊。"

请你想想它们是在星期几相遇的?

### 逻辑反转

由于狼和狐狸不可能在同一天说谎,因此,它们两个相遇时,必有一只在说谎,而另一只说的则是真话。

对狼来说,相遇的时间只可能是星期三或星期四。但对狐狸来说,相遇的时间只能是星期四或者星期日。

结论:它们是在星期四相遇的。那天狼说的是真话,狐狸说了谎。

# 格莱斯的行程

别尔·格莱斯有一次去拜访4个熟人朋友,并在熟人那里都过了夜。从以下所给的线索中,你能否说出别尔的每个熟人的名字以及他们各自房子的名字和相邻两地间的距离?

 提 示

1. 待在别尔·温蒂后家里过夜是在去了福卜利会馆之后,接着他需要骑马22英里到达下一个目的地去郊游。

2. 考克斯可布住的是别尔·笑特的房子。

3. 别尔·格莱斯去丹得宫骑了25英里,在那过夜后他接着又去拜访别尔·里格林。

4. 最短的马程则是去别尔·斯决的房子,它不是斯沃克屋。

距离(英里)分别是:20、22、25、28

房子分别是:考克斯可布、福卜利会馆、斯沃克屋、丹得宫

主人分别是:别尔·里格林,别尔·笑特,别尔·斯决,别尔·温蒂后

提示:首先找出丹得宫的主人。

逻辑反转

到别尔·斯决住所的距离为20英里(线索4)。距离有25英里的丹得宫不是别尔·里格林的(线索3),在考克斯可布住的则是别尔·笑特(线索2),那么丹得宫一定是别尔·温蒂后的房子。我们知道别尔·斯

决的住所不是丹得宫或者考克斯可布,而且也不是斯沃克屋(线索4),那么只能是福卜利会馆。剩下别尔·里格林则是斯沃克屋的主人。但它不是房子4(线索4),且福卜利会馆也不是房子4(线索1),丹得宫也不是(线索3),那么考克斯可布一定是房子4。我们从线索1和3中知道,丹得宫是房子2,福卜利会馆是房子1,剩下别尔·里格林的沃克屋是房子3。从相同线索中可以知道,别尔·格莱斯从福卜利会馆到丹得宫骑了25英里,接着又骑了22英里去了斯沃克屋。得知,最短的行程是20英里到别尔·斯决的房子,那么最长的距离则就是到考克斯可布的28英里。

## 水落石出

房子1是20英里到福卜利会馆,别尔·斯决。

房子2是25英里到丹得宫,别尔·温蒂后。

房子3是22英里到斯沃克屋,别尔·里格林。

房子4是28英里到考克斯可布,别尔·笑特。

# 西部牛群

在西部开发的日子里,5群牛被农场主人赶到遥远的铁路末端,去运送来自东部的货物。从以下所给的线索中,请你找出每个牛群的主人、他的目的地、牛群的数目以及每次运货所需的时间

## 提　示

1.斯坦·彼定的路途大约需要4个星期,他的牛群要比去往圣奥兰

多的牛群小。

2.里格·布尔有一群牛,共300头,他赶牛群的路途不是最短的。路途最短的牛群数量比朗·霍恩带队的牛群的数量要少。

3.波·维恩的牛群并不是400头,瑞德·布莱德从科里福斯铁路终点出发。

4.数目最少的牛群要花5个星期的时间到达目的地,他的目的地不是查维丽。

5.赶一群牛到斯伯林博格要花费3个星期的时间。

6.数目是500头的牛群要去往贝克市。

## 逻辑反转

数目为500头的牛群要去往贝克市(线索6),去斯伯林博格要花3星期,而数目为200头的牛群到达目的地需要花5星期(线索4),后者不去圣奥兰多(线索1)及查维丽(线索4),一定是去科里福斯,所以,他的老板就是瑞德·布莱德(线索3)。里格·布尔有300头的牛群(线索2),所以,斯坦·彼定的牛群则有400头,行程4星期。而去往圣奥兰多的牛群数要大于400头,但并不是500头(线索6),则一定是600头。我们知道,后者的行程不是3~4星期或者5星期,也不是2星期(线索2),而是6星期。里格·布尔的300头牛群队伍行程不是6或者2星期(线索2),那么肯定是3星期,目的地是斯伯林博格。通过排除法,数目为400头的牛群是去往查维丽的。朗·霍恩带队的牛群行程不是2星期(线索2),那么他的牛群数目则为600头,行程6星期。最后,波·维恩的牛群不是400头(线索3),所以一定是去往贝克市数目为500头的牛群。通过排除法,行程是2星期。剩下斯坦·彼定的牛群数目为400头,目的地为查维丽。

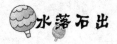

瑞德·布莱德,科里福斯是200头,5星期。

里格·布尔,斯伯林博格是300头,3星期。

朗·霍恩,圣奥兰多是600头,6星期。

斯坦·彼定,查维丽是400头,4星期。

波·维恩,贝克市是500头,2星期。

# 外微路上

上周一,外微路上的4户人家全都接受了房屋理事会代表的调查,主要是因为他们的一些行为妨碍了居民的正常生活。从以下所给的线索中,你能找出各户人家的名字、以及他们做了哪些不合理的事情,去调查他们的理事会代表的名字吗?

提　示

1.毛里阿提家庭在他们的屋前开了一家汽车修理铺,所以他们住的不是16号。

2.外微路12号持续地焚烧花园里的垃圾,产生的烟雾使周围的人都感到极为不快。

3.另外一户家庭老放流行音乐,而且把音量开到最大,他们并不是席克斯家庭,而且这一家的门牌号要比理事会代表多尔先生调查的那家门牌数要小2。

发射幻想号

4.格林先生调查的是18号家庭。

5.哈什先生调查的是卡波斯一家,卡波斯一家和养了不少于5条大且凶猛的狗的那户人家中间隔了一户人家。

## 逻辑反转

12号的家庭焚烧垃圾(线索2),格林先生拜访和调查的是18号(线索4),而16号并不是毛里阿提家开修理铺的房子(线索1),而且也不是音乐放的太响的那家(线索3),那么一定是养凶猛的狗的那一家。而且哈什先生拜访的卡波斯一家一定是12号(线索5)。从线索3中知道,多尔先生调查的一定不是14号,那么他一定去了16号处理狗的问题,把音乐放太大声的是14号。通过排除法可知,毛里阿提家的修车房一定是在

18号,是格林先生去处理的。且斯特恩先生肯定去处理14号家庭音量太大的问题。14号不是席克斯家庭(线索3),那么肯定是霍克一家,剩下席克斯是16号家庭,因养了凶猛的狗而引起公愤。

## 水落石出

12号是卡波斯,焚烧垃圾,哈什。

14号是霍克,音量大,斯特恩。

16号是席克斯,养恶狗,多尔。

18号是毛里阿提,修车,格林。

# 代 言

根据最新消息可知,5位知名女性刚刚签下利润可观的广告合同,成为不同品牌的代言人。从以下所给的信息中,你能否说出她们的职业、即将为哪个制造商代言以及所要代言的产品?

## 提 示

1.卡罗尔·布和阿丽娜系列产品的制造商签了合同。然而和玛丽·纳什签了合同的不是普拉丝制造商,不是丽晶制造商。

2.范·格雷兹将要为一个针织品做代言广告,她不是电视主持人。

3.电视主持人不代言化妆品和摩托车,也没有和普拉丝制造商签约。为罗蕾莱化妆品代言的并不是那位电影演员。

4. 流行歌手为一种软饮料产品做广告,但是她不为丽晶系列做广告,丽晶的产品并不是肥皂。

5. 网球选手为阿尔泰公司的产品做广告。

6. 简·耐特不演电影,她是出演电视肥皂剧《河岸之路》的明星,她在剧中她扮演富有魅力的财政咨询师普鲁·登特。

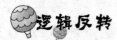

已知流行歌手将为一软饮料产品做广告(线索4),而电视主持人不代言化妆品和摩托车(线索3),她并不是范·格雷兹,范·格雷兹是为一个针织品代言的(线索2),那么电视主持人则是为某肥皂代言的。罗蕾莱是化妆品(线索3),我们知道它不是由流行歌手和电视主持人代言的,而且也没有和电影演员(线索3)及网球选手签约,后者将为阿尔泰公司的产品做广告(线索5),罗蕾莱的代言人一定是电视演员简·耐特(线索1)。卡罗尔·布和阿丽娜系列签约了(线索1),然而玛丽·纳什没和丽晶和普拉丝签约,那她一定是和阿尔泰签约的,她就是网球选手。通过排除法可知,阿尔泰公司是制造摩托车的厂家,而范·格雷兹是电影演员。丽晶的签约者不是流行歌手和电视主持人(线索4),那她一定是电影演员范·格雷兹,丽晶则是针织品制造商。电视主持人代言的肥皂不是普拉丝公司的产品(线索3),那么一定是阿丽娜的产品,这个主持人就是卡罗尔·布,通过排除法可知,普拉丝必定是和休·雷得曼签约,她就是流行歌手,为某软饮料代言。

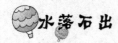

卡罗尔·布是电视主持人,阿丽娜,肥皂。

范·格雷兹是电影演员,丽晶,针织品。

简·耐特是电视演员,罗蕾莱,化妆品。

玛丽·纳什是网球选手,阿尔泰,摩托车。

休·雷得曼是流行歌手,普拉丝,软饮料。

# 运动员

5位年轻的女运动员正在伦敦机场等出租车,她们都是刚从国外回来。从所给的线索中,你能说出她们的姓名、她们分别从哪里回来以及都从事什么运动项目吗?

## 提示

1.凯特·肯德尔从来没去过东京,她紧靠在滑冰者之后,并在刚从洛杉矶飞回来的女士的前面。

2.高尔夫球手是紧跟在斯特拉·提兹之后的人。

3.射击运动员在图中3号位置,羽毛球手紧靠在刚从卡萨布兰卡回来的旅客前面。

4.台球手在莫娜·洛甫特斯的前面,中间隔了不止是一个人,刚从东京飞回来的女士排在格丽尼斯·福特之后的某一个位置。

5.黛安娜·埃尔金不是队列中的第一位也不是最后一位。图中1号不是刚从罗马回来的人,图中2号也不是从东京回来的人。

姓名分别是:黛安娜·埃尔金,格丽尼斯·福特,凯特·肯德尔,莫娜·洛甫特斯,斯特拉·提兹

离开地分别是:布里斯班,卡萨布兰卡,洛杉矶,罗马,东京

运动项目分别是:射击,羽毛球,高尔夫球,滑冰,台球

提示分别是:先找出队列最后那位女士最喜爱的运动。

## 逻辑反转

人物3中的运动项目是射击(线索3),人物5中的项目不是滑冰(线索1)、羽毛球(线索3)和台球(线索4),则一定是高尔夫球运动员,那么人物4就是斯特拉·提兹(线索2),她的项目不是滑冰(线索1)和台球(线索4),那么肯定是羽毛球。人物5刚从卡萨布兰卡回来(线索3),人物1不是从罗马回来(线索5),也不是来自洛杉矶(线索1)和东京(线索4),那么肯定是从布里斯班来。人物2不是来自洛杉矶(线索1),也非东

京(线索5),那么一定来自罗马。人物3和4来自洛杉矶或者东京。假如4来自洛杉矶,则从线索1中知道凯特·肯德尔就是人物3,那么来自东京。但线索1告诉我们,凯特·肯德尔不是来自东京,所以3一定来自洛杉矶,而4来自东京。因此凯特·肯德尔就是人物2。人物1的项目就是滑冰(线索1),人物5则不是黛安娜·埃尔金(线索5),也并不是格丽尼斯·福特(线索4),则一定是莫娜·洛甫特斯。黛安娜·埃尔金也并不是人物1(线索5),那么她肯定是人物3,人物1就是格丽尼斯·福特。那么人物2凯特·肯德尔从事的项目是台球。

##  水落石出

1 号是格丽尼斯·福特,布里斯班,滑冰。

2 号是凯特·肯德尔,罗马,台球。

3 号是黛安娜·埃尔金,洛杉矶,射击。

4 号是斯特拉·提兹,东京,羽毛球。

5 号是莫娜·洛甫特斯,卡萨布兰卡,高尔夫。

发射幻想号

# 狮子座

我们已知有 8 个人都是狮子座的。从以下所给的线索中,你能找出各日期出生的人的全名吗?

## 提 示

1. 查尔斯的生日比菲什晚 3 天。

2. 某女性的生日为8月4号。

3. 安格斯的生日是在布尔之后，但不是7月31号那天。

4. 内奥米的生日要比斯盖尔斯早一天，而且比阿彻晚一天，阿彻是男的，但3人都不是出生在同一年的。

5. 安妮在每年的8月2号庆祝生日。

6. 克雷布是8月1号出生的，但拉姆不是7月30号出生的。

7. 斯图尔特·沃特斯的生日和波利不是在同一月出生，波利的生日在巴兹尔之后。而巴兹尔的生日是一个偶数日。

名分别为：安格斯（男），安妮（女），巴兹尔（女），查尔斯（男），内奥米（女），波利（女），斯图尔特（男），威尔玛（女）

姓分别为：阿彻，布尔，克雷布，菲什，基德，拉姆，斯盖尔斯，沃特斯

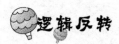

　　某位女性的生日是 8 月 4 号(线索 2),她不是内奥米(线索 4)或者波利。巴兹尔的生日是一个偶数日(线索 7),安妮的生日是 8 月 2 日(线索 5),所以,通过排除法,8 月 4 日肯定是威尔玛的生日。我们已知巴兹尔的生日不是 2 号或者 4 号,通过线索 7 可以知道,她的生日肯定是 7 月 28 日或者 7 月 30 日,所以波利的生日是 7 月 29 日或者 31 日。斯图尔特·沃特斯的生日在 8 月份(线索 7),但克雷布的生日是 8 月 1 日(线索 6),我们知道斯图尔特并不是 2 号或者 4 号,那一定是 3 号。出生在 7 月 28 号的不是查尔斯(线索 1)、安格斯(线索 3)、内奥米(线索 4)或者波利(线索 7),也不可能是安妮、斯图尔特和威尔玛,那么一定是巴兹尔。那么,从线索 7 中知道,波利的生日是 7 月 29 日。安格斯不是 7 月 31 日出生的(线索 3),内奥米也不是,由于她的生日是在斯盖尔斯之前的(线索 4),通过排除法,7 月 31 日一定是查尔斯的生日。那么,从线索 1 中知道巴兹尔姓菲什。因为阿彻是男的(线索 4),所以线索 4 也排除了内奥米的生日是 7 月 30 日的可能,所以一定是 8 月 1 日,剩下的 7 月 30 日就是安格斯的生日。线索 4 现在可以告诉我们,安妮姓斯盖尔斯,查尔斯姓阿彻。从线索 3 中可以知道,布尔的名字是波利,出生在 7 月 29 日。安格斯并不是拉姆(线索 6),那么肯定是姓基德,剩下拉姆是威尔玛的姓。

　　7 月 28 日是巴兹尔·菲什。

　　7 月 29 日是波利·布尔。

　　7 月 30 日是安格斯·基德。

7月31日是查尔斯·阿彻。

8月1日是内奥米·克雷布。

8月2日是安妮·斯盖尔斯。

8月3日是斯图尔特·沃特斯。

8月4日是威尔玛·拉姆。

# 美国军区医院的故事

故事发生在1945年盟军登陆诺曼底的前夕。为了搜集情报,英国情报部门派出情报员雅伦到德军占领区去执行任务。

因为飞机不能降落,所以雅伦只能由飞机跳伞降落,不幸降落过程中发生事故,他落地时摔伤了脑部昏迷过去。

当雅伦醒来的时候,发现自己躺在一间病房里,墙上挂着一面美国星条国旗,医生和护士都说着满口流利的美式英语。雅伦被弄糊涂了,到底他是被德军俘虏了,还是被盟军救了回来呢?

这家美军医院,是真的还是伪装的呢?这时候雅伦必须自己作出决定。他数了数美国国旗上的星星,上面一共有50颗星,雅伦忽然有所醒悟,由此找出了答案。

这到底是真的美军医院,还是假的呢?

## 脑筋急转弯

很肯定是假的。虽然美国在1867年买进阿拉斯加,1898年夏威夷并入美国版图,但直到1949年,这两处地方才分别被定为美国联邦的一个州。早在1945年,美国只有48个州,所以美国旗上只应该有48颗星星。

# 老师让我们写作文

我们学校隔壁是家唱片店，前两天发生了偷窃案。这天早上，老板打开店门，发现窗户玻璃有的被打碎了，柜架上少了一套最流行的唱片，但是旁边的两个钱柜里，几百元现金一分也没少，老板还是向警方报了案。

摩恩探长认为，小偷很可能就是学校里的学生，他肯定是因为太喜欢唱片了，但是又没有钱买，就一时糊涂做了错事。如果警方大张旗鼓地调查，让大家都知道他偷了东西，不利于他今后的成长，会给他以后的生活留下阴影。

于是，探长就和校长商量起来，想出了一个办法。他假扮成新来的语文老师，来到歌迷最多的三班，对同学们说："为了训练同学们的想象能力，我让大家写一篇作文，题目是《午夜小偷》。假设你是一个小偷，昨天晚上你怎样进入隔壁的唱片店，然后偷了什么东西，越具体越好，半小时后交卷。"

晚上，摩恩探长认真阅读作文，其中有三篇作文引起了他的注意。第一篇写道："昨天半夜里，我打碎了唱片店的玻璃窗爬了进去。我先找保险柜，但是没有找到，就拿了一张最值钱的唱片，偷偷地溜出了商店。"第二篇写道："我用金刚刀，把窗玻璃划破了，钻到店里，我没有去撬那两个钱箱，而是抓紧时间偷了几张唱片，赶紧溜了出来。"第三篇写道："昨天半夜里，我戴着手套撬开了抽屉的锁，偷了里面的很多钱，又偷了很多唱片，我要用这些钱，买很多好听的唱片"

第二天早上，摩恩探长找来其中一个学生询问。经过耐心的教育，他终于承认，是他偷了那套唱片。

摩恩探长找来的是第几个学生呢？探长根据什么推测出他就是小偷呢？

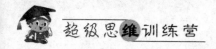

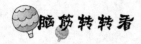脑筋转转看

探长找到的是第二个学生,因为在他的作文里,写了店里有"两个钱箱",说明他了解店里的实际情况。

## 爆炸案

黑社会某大头目 D 由于与另一派系争夺地盘,搞得关系十分紧张。他处处小心严加防范,就连练习高尔夫球也都尽量在人少的时候去。

这一天,外面下着毛毛雨,球场上一个人都没有,D 来到后命令手下人都分散在球场外负责保卫。他不要陪练员和球童,只想一个人在场里练习。

大家都没有注意场上情况,突然间球场上发出一声爆炸巨响,D 的手下回头一看,只见 D 已经被炸得血肉横飞倒地身亡。

令人不可思议的是现场只有他一个人,球场工作人员保证说凶手绝无机会在场内安设定时炸弹一类的东西,也不会是有人从场外扔进手榴弹将 D 炸死的。

请问炸药到底藏在什么地方呢?

### 逻辑反转

嫌疑犯将烈性炸药装进高尔夫球内。当 D 毫不知情的猛力一击,爆炸惨案就发生了。

# 到底谁是匪首

"砰"的一声枪响,打破了清晨宁静的边境,在国境线边上的小村寨里,男女老少们拼了命似的奔跑着,惊叫着:"土匪来啦! 快逃命啊!"

这个边境线旁的小村寨,交通十分不方便,村民过着十分艰苦的生活。最让人恐怖的是边境线的对面,有一帮土匪经常来村里抢劫,吃饱喝足了,临走的时候还要带走鸡鸭鹅羊等牲畜,没人敢反抗,因为反抗就要遭到毒打甚至直接枪杀。等到边防警察局接到报警,要走很长的山路才能赶到,这时候土匪已经都逃走了。

为了把这帮土匪一网打尽,勇敢的克莱尔探长带领他的全部部下,忍着令人讨厌的虫咬,在附近的山洞里埋伏着。可是眼看着半个月都过去了,那帮土匪竟然没有一丝动静。有的警员抱怨道:"难道是土匪们已经知道我们在这里埋伏了?不会不来吧!"探长坚定地说:"不会的,圣诞节就要到了,这帮土匪一定会来抢东西的,他们也想过一个丰盛的圣诞节啊!"

果然,探长的话就在圣诞节早上应验了。埋伏在那边的边防警察迅速出击,一下就消灭了几个土匪,其余的都乖乖举手投降。克莱尔探长早就听当地的人说,心狠手辣的土匪头目已经杀害了不少人,必须得先把他揪出来才行。于是他来到俘房群前。可是这群土匪穿的都是一样的军服,那么到底谁是土匪头子呢?这让探长很着急。

焦急的探长问这帮土匪:"你们这群人谁是带队的头目?"但是土匪们都低着头,全部一声不吭,谁也不先开口。探长确定,土匪头子一定是想鱼目混珠,并且土匪们个个都惧怕他,谁都不敢开口说话。克莱尔探长突然计上心头,大声说了一句话。他刚一说完这句话,他马上就知道了土匪头子是谁了。

聪明的克莱尔探长说了一句什么话呢?

**脑筋转转看**

克莱尔探长问:"真狡猾,你们的头目衣服怎么反着穿了?"土匪们一时没有反应过来,都朝同一个人看去,很明显那个人就是土匪头子了。

# 果汁杯底下的小纸条

州立大学的学生宿舍里,发生了一起抢劫案:有个蒙面人拿着枪闯进了宿舍,抢走了学生们的钱包。那天约翰正好晚回来,走到宿舍门口听到里面有陌生人的声音,就赶紧躲到一边没敢直接进去。这时候,罪犯从宿舍里冲了出来,因为慌张,在楼梯上摔了一跤,蒙面的黑布掉了下来;罪犯反应也快,马上爬了起来,奔下楼梯逃走了。约翰躲在楼梯下面一个角落里,正好看到了罪犯的相貌。警察赶来之后,调查了一些情况,但是还是没能查出罪犯是谁。

学校旁边有一家不算大的咖啡馆,每天都要开到很晚才关门。一天,约翰做完作业来到咖啡馆,要了一杯热咖啡,坐下来慢慢喝着。忽然,他看见有一个剃平头的男子,坐在了靠门口的位置,也在喝咖啡。他心头猛地一惊:就是他! 就是那个抢劫犯! 约翰想去报警,又怕罪犯跑了。自己去抓吧,那罪犯身强体壮,自己肯定不是他的对手。怎么办呢?

就在这个时候,店里走进来一个警察,看到平头男子旁边的位子空着就坐了过去,对服务员说:"来一杯果汁!"约翰想喊警察,又怕罪犯听见了会逃跑或者拔出手枪伤害别人。他想了想站起身来向服务台走去,轻声对服务员说了几句。

过了一会儿,服务员给警察端上一杯果汁,微笑着说:"请您慢用!"警察喝了起来,快要喝完的时候,警察突然放下杯子,一把扭过平头男子的手,大声说:"你这个抢劫犯,看你这次还想跑!"

约翰对服务员说了些什么,使警察知道平头男子就是罪犯呢?

発射幻想号

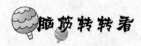

脑筋转转看

约翰让服务员在果汁杯子底贴了一张字条,上面写着:"你旁边的平头男子是抢劫犯,快抓住他。"

# 聪明的情报电话

一天下午,著名的福特探长来到城里非常有名的金冠大酒店。他偶然发现,今天在这里喝酒的这伙人,就是国际刑警组织正在缉捕的逃犯。他们犯的是严重的走私罪。但庆幸的是这伙罪犯并不认识探长,更不知道他的真实身份,所以谁也没注意到他。探长很机警,为了能够抓住这些人,马上用电话通知了当地警局。探长怕引起他们的注意,于是装着在给女朋友打电话的样子,对电话里的警察说:

我是福特。"我的女神罗莎,现在你好吗?很抱歉昨晚我非常不舒服,所以没能陪你去夜总会。今天好多了,多亏金冠大酒店经理上月送给我的特效药。亲爱的,请不要和目标生气,我们会永远在一起的。请原谅我失约。不用担心我,我的病不是很快就好了吗?今晚赶来您家时再向您道歉!可别生我的气呀!好吧,再见!"

这伙人就当听了一个笑话,都哈哈大笑,然后继续干他们的事。可是就在 5 分钟之后,警察们突然出现在了他们的面前,他们连反抗的机会都没有就被抓到了。

请问,福特是如何向警方提供情报的?

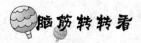

福特探长在打电话时做了些手脚。在通话时,探长一说到无关紧要的话题,就用手掌心捂住话筒,不让对方听到,而讲到关键的话时,就松开手。

这样,警方就收到了这样一段"间歇性"的情报电话:"我是福特……现在……在金冠大酒店……和目标……在一起……请您……快……赶来……"

# 怪枪夺命

一天,逃到英国的 D 国情报机关某要人,被发现死于国家安全机关秘密居所的房间之内。

这位要人已经双脚残废坐在轮椅上,而且,由于他曾遭人暗杀,已经双目失明。因为他对 D 国的情报机关了如指掌,因此他叛逃后,成为 D 国特工人员暗杀的目标。

为了保护这位要人,警方决定把他安置在这一秘密居所。并且事先又在房间内认真检查,证实外人的确没有办法进入,这才让他住进来。谁知这位要人刚刚住进来就死于房内。他死时显然是正在打电话,子弹是从嘴里射进去的。

英国安全局对此进行了详细调查,了解到案发前只有清洁工和电话局修理电话的人员进过房间。安全局人员根据这一线索,终于找到了凶手和行凶的办法。

那么请诸位读者来破这个案子吧。

发射幻想号

超级思维训练营

## 逻辑反转

　　凶手是假扮成电话局修理工的 D 国特工人员。他将电话进行了改装,在受话器的里面装上一段钢管,管里放有一粒子弹,后面则是一条能发热的导线,开关则装在握手处。这位要人拿起电话的时候,开关即引起发热导线发热,子弹就射了出去。

# 列车上广播的作用

一个珍奇珠宝展览会在某城市博物馆开展的第二天夜里,两颗分别重 65 克拉和 78 克拉的"孔雀蓝"宝石就被盗走了。这两颗宝石可是稀世珠宝,如果被偷运出国,那么造成的损失将不可估量。

天还没亮,警方便接到这起报案。探长托尼马上派出两名侦探赶往一个半小时后就要出发的 303 次国际列车上。他自己则带了一名助手来到现场。经过初步勘察,发现盗贼是从博物馆的屋顶进入馆内的,而且用早已配好的钥匙打开了展厅的门,然后剪断报警器的电线,将宝石从有机玻璃柜中盗走。看来盗贼是早有预谋的。

托尼探长留下助手配合馆内保安继续对现场作进一步勘察,自己开车飞快的来到了火车站。他和已经上车的两名侦探联系上了。那两名侦探正分别从车头和车尾逐节车厢寻找嫌疑犯。

托尼探长从中间一节车厢上的车。突然车厢内一阵骚动,两名乘警正分开人群往 9 号软卧车厢走去。托尼探长紧跟了过去,当他们来到第三间包厢时,透过半敞开的门,一眼就看见了靠窗口处蜷缩着的一位中年男子。令人恐怖的是他两眼圆睁,嘴角还有一丝鲜血,已经死了。经过检查,他是被人用毒药杀死的,随身携带的行李已经不翼而飞。乘警告诉托尼探长,报案人是和死者相邻的车厢里的一位乘客。据他所说,是因为误入死者车厢,才发现这起凶杀案的。托尼探长猜测,死者就是昨晚偷走宝石的盗贼之一。他在作案后很有可能又被另一伙盗贼团伙跟踪,上车后被杀死在车厢内,随后行李和宝石一起被劫。

托尼探长推断凶手应该还在车上,便当即向一位乘警小声交代了几句。这时两名侦探已来到了这节车厢,托尼探长立即给他俩指派

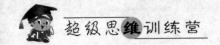

了任务。

列车上的广播忽然响起了："各位乘客请注意！各位乘客请注意！9号车厢有一位乘客突发重病,生命垂危,如果车上有医生请速去协助抢救……谢谢！"顿时,有不少人向9号车厢涌来。假扮成"医生"的一位侦探堵在门口,他向前来要求参与抢救的人说道："病人刚刚苏醒过来,他正向乘警述说好像有人要谋杀他！"话音刚落,人群中有一位乘客迅速转身回到了自己的座位上。当那人刚从行李架上取下一只皮箱时,托尼探长和一名乘警便出现在他身后。

"先生,请你跟我们到乘警室去一下！"那人浑身一颤,皮箱猛然从手上滑落,正砸在他脚上,疼得他大叫起来。

"快把皮箱捡起来,跟我们走一趟！"乘警和托尼探长将那人夹在中间,把他带进了乘警室。没等托尼探长要他打开皮箱,那人便如实地交代了他杀人劫宝的犯罪事实。

请问,托尼探长是如何断定那人就是劫宝杀人犯呢？

### 脑筋转转看

托尼探长叫乘警通过广播寻医,就是要让劫宝杀人犯亲自现形。当广播说9号车厢有一位病人需要抢救时,劫宝杀人犯就坐不住了,他要去看个究竟。当听说病人没有死还怀疑有人谋杀时,他肯定害怕被认出来。就准备等火车到站后逃跑,没想到惊慌之下暴露了自己。

## 丢失证据之后

有个叫哈桑的人,借给一个商人2000金币,可是过了两个月后发现借据遗失了,到处找也找不到,急得身上直冒汗。妻子在一旁,也想不出补救的办法,嘴里不住埋怨。哈桑心里发慌,赶忙跑去找他最要好的朋友纳斯列丁,请他想个办法。

"如果那个商人知道我丢了借据的凭证,就不会把钱归还我了,那是两千金币啊!"哈桑对纳斯列丁说,"我手头再没有任何关于这笔借款的凭证了。"

"商人借钱时没有第三个人作证吗?"纳斯列丁问。"只有我内人知道,但我告诉她的时候,那商人已经取走钱了。"

"那也来不及了!"纳斯列丁说,"商人借钱的期限是多长时间?"

"一年。"

纳斯列丁思考了片刻,为哈桑想出了好办法:"你可以向那个商人写封信,向他要一个借钱的凭证。"

"什么? 向借钱的人要借钱的凭证?"哈桑困惑,感到荒唐至极。

纳斯列丁出了个主意,要求哈桑按照他说的去做。果然,几天之后,那商人就把凭证送来了。

你能想到纳斯列丁出的是什么主意吗? 这么不可思议的就拿到了凭证。

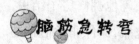

纳斯列丁要哈桑马上给商人写封信,要他归还借去的 2500 金币。那商人接到信后马上亲自回了一封信,信中写道:"你可能搞错了,我们商定的借期是一年,我不能现在就还款给你;至于借款的数目,我只借了 2000 金币,而不是 2500 金币,你那里有我亲自写的借据。你是不是把别人的借款算到我头上来了?"

# 谁是花瓶的主人

　　侦探哈里难得这几天闲来无事，就到乡下去遛弯儿，顺便看看多年没见过面的亲戚。可万万没想到，他刚刚一到就遇到了麻烦。村里有两个男子打到一起，这个早已打得衣冠不整，那个面目红肿。哈里朝他们大喊一声："住手，不然我就找人帮忙抓走你们！"两个汉子这才松开手，平息愤怒的内心，恶狠狠地看着对方。

　　这时已经围了几十个人看热闹，都想看看案子怎么断。哈里找个地方坐好，对其中一个年纪稍大的说："你说，发生什么事，让你俩大打出手。"

　　"是！"那个汉子点点头说，"我叫马丁，他是我的兄弟马代。我们俩属于同父异母，但是关系一直还好，不管怎么说还是亲兄弟……"

　　哈里一听，差一点笑出声来，挥挥手叫他先住口，对马代说："还是你来说吧！记住，说实话。"

　　马代的表达能力比他哥哥强多了，很快就把事情说清楚了。原来去年他家翻修房子，有一些贵重的东西放到马丁家里，等他翻修房子结束，往回拿东西时，却少了一件，是一只中世纪的玻璃花瓶，一件非常值钱的古董。

　　马代话音未落，马丁就喊了起来："他胡说，是有这么一件古董，可那是我的，他早就看上了，几次想买，我都没答应……"

　　马代十分生气："你可真是无赖，那明明是我的嘛！"

　　说着话，两个人又要动手。哈里大声嚷道："都给我住手，把那只该死的花瓶拿来，让我看一下！"

　　马丁答应一声去了。

工夫不大，马丁回来了，双手捧着那只花瓶。哈里仔细端详了一遍，让他俩人说说特征，结果都说得基本符合。哈里生气了，把那只花瓶举起来说："你们虽然不是一个母亲所生，但也是亲兄弟，怎么能因为一个破花瓶伤了手足之情？让我帮你们了解它！"说完就往地下摔去。在场的人全吓了一跳，谁也没想到哈里会这样做。

哈里并没有撒手，花瓶还握在他的手里，人们这才松了一口气。哈里把花瓶给马代说："东西是你的，你可以拿走了！"

你知道哈里是怎样确定花瓶是谁的吗？

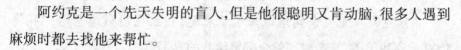
**思维转转看**

眼睛是心灵的窗户。在哈里要摔花瓶的时候，他观察到马代的眼睛露出生气的眼神，马丁的眼神却显得无所谓。

# 神奇遗嘱

阿约克是一个先天失明的盲人，但是他很聪明又肯动脑，很多人遇到麻烦时都去找他来帮忙。

一天，阿约克听说好朋友查狄克因车祸伤得很重，眼睛也瞎了，并且住进医院，于是前去探望他。

"阿约克，你来看我，我十分高兴。"查狄克躺在病床上说。

"你很快会好的，何必立什么遗嘱呢？"查狄克的夫人反对说。

查狄克说："这也是为了以防万一吧，你把钢笔给我，我要写下来。"

"阿约克，你来看我，我十分高兴。我预感到不会活多久了，我想立下遗嘱，我要把部分财产分给我贫穷的弟弟。"

查狄克夫人又说:"你眼睛看不见,让我来替你写吧!"

"不,我只简单写几句。你把钢笔给我吧!"查狄克坚持亲自写。

查狄克夫人无可奈何地取来了纸和笔,查狄克边写边念道:"我将5000元给我弟弟,其余财产就全部留给我的妻子。"

查狄克把遗嘱写好以后,装入信封中,交给阿约克保管。

过了一个月,查狄克病情恶化,不久就离开了人间。

阿约克带着遗嘱去见查狄克的弟弟维克多。维克多打开遗嘱后一看,就说:"这上面什么都没有写啊! 是不是被人给调换了?"

阿约克要回遗嘱,用手在上面一边仔细地轻抚着,一边念道:"'我将5000元给我弟弟,其余财产全部留给我的妻子。'这正是你哥哥所写的遗嘱啊,没错!"只见他略加思索后说,"我明白是谁捣的鬼了。你放心,我一定会帮你拿到那笔遗产的。"

他们果然这样去找查狄克夫人，并要回了那 5000 元钱。你发现这遗嘱的秘密了吗？

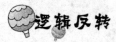逻辑反转

查狄克夫人其实是想独吞查狄克的遗产，她把并没有墨水的钢笔递给查狄克写遗嘱，因此维克多见到遗嘱上什么字都没有留下，但是笔尖却在纸上划出痕迹，所以先天失明的阿约克能用手"读"出遗嘱的内容。

发射幻想号

# 第四章　异乎寻常

## 毒蜂刺客

　　清晨,一名少女被发现死在一辆汽车内。车门和窗户都关得严严的,车里面有只毒蜂飞来飞去,少女则趴在方向盘上。

　　根据警方调查,使少女致死的正是这只毒蜂的毒液。这是当地一种非常厉害的毒蜂。但负责此案的警官经过全面调查后,却认为这个少女是死于谋杀的,其中很重要的一个原因,就是这种毒蜂虽然厉害,却不至于使人丧命。可这名少女为什么会死呢? 警官向专家请教了有关的医学问题,终于发现凶手谋杀的方法,并且顺利地破了此案。

　　事实上凶手还真有很渊博的医学知识呢! 他是某医院的主任医师,少女则是他的情妇。少女怀了孕,逼着他和妻子离婚。他迫不得已就杀了她。那么他是用什么样的手法杀人的呢?

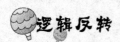逻辑反转

　　凶手利用人体的过敏现象作为杀人的方法。

由于人体内或多或少的都有轻微过敏现象。所以如果把某种特定动物的分泌液注射进人体内,经过一段时间之后,再把同样成分的分泌液注入人体内,就会引发人的过敏现象,严重的则能导致休克而死亡。

凶手正是利用这种人体特征,提前把毒蜂的毒素注入死者体内,过后再把毒蜂偷偷放入车内,受害者被蜇后,因过敏反应而导致死亡。

# 认 马

在两个相邻的农场里面,一天发生了一件纠纷,A 农场和 B 农场的主人为一匹马争执起来。

"这匹马是我的,因为我的马大部分是枣红马。"

"枣红马谁都有的,这匹马是偶然跑到你们那里去的。"

他们都说这匹马是自己的。

这件事最后还是闹了到法官那里。他让工作人员把那匹马牵来,检验后又命令把这匹马放进一个马群里。这个马群中一共有十几匹枣红马。然后让 A 农场和 B 农场的主人分别去认马。

结果,法官很快就断定出这匹马属于谁。

聪明的读者,请问法官是怎样判断的呢?

## 逻辑反转

法官让工作人员在那匹马身上作了一个记号,放进马群里,然后再让 A、B 农场的主人去辨认。假如真是这匹马的主人,很容易就会从众多的马匹中认出自己的马来。

# 大拍卖

一次屋内用具的清仓大甩卖中,前3样拍卖物被3个不同的竞标人所获。从所给的线索中,你能否说出拍卖物、竞标人和他们所给出的价码吗?

 **提　示**

1. 第2桩买卖中塞德里克付出的钱要比钟贵。

2 唐纳德拿了咖啡桌开心地回家了。

3. 丽贝卡出了15英镑买了东西,她买的东西是紧挨着角柜的。

**逻辑反转**

唐纳德买了咖啡桌(线索2),而丽贝卡则出了15英镑买了东西,她买的不是角柜(线索3),而是钟,剩下角柜则是塞德里克买的。所以,从线索1中知道,2号拍卖物一定价值18英镑。丽贝卡买的并不是3号拍卖物(线索3),我们知道,价值15英镑的不是2号,所以一定是1号。从线索3中知道,2号拍卖物一定价值18英镑,它就是角柜。通过排除法可知,3号则是咖啡桌,是唐纳德花了10英镑买的。

**水落石出**

1号是钟,丽贝卡,15英镑。

2号是角柜,塞德里克,18英镑。

3 号是咖啡桌,唐纳德,10 英镑。

# 奇 贼

　　侦探乔克兼任爱鸟协会的会长一职。他把业余时间几乎全都花在研究鸟类上了。

　　有一天,乔克到郊外一座别墅去处理一起窃案。

　　失窃现场是在一幢度假别墅的第 3 层,失窃者是一位前来度假的西佐夫人。

　　据西佐夫人描述,案发时她在浴室洗澡。出来以后,发现放在梳妆台

上的 3 样饰物中,丢失了一只最廉价的钻石戒指,而台上不知为什么留下一根火柴棍。

乔克仔细观察了现场,而且特别研究了这根火柴棍上的啮痕。他又了解了整个别墅环境和人员的情况,了解到别墅附近有一座大花园,园中养了不少热带麻雀和猫头鹰还有相思鸟等,而且,他还了解到管理员负责照顾这些鸟,有人还见过他训练这些鸟。最后乔克肯定地说:"嗯,管理员就是此案的主谋,窃贼却是无罪的。"

那么,你知道乔克根据什么下的结论吗?

### 逻辑反转

公园的管理员训练麻雀并利用它们行窃,他最大的可能性是利用猫头鹰。猫头鹰喜欢用嘴去叼物体。为了防止猫头鹰发出怪声,所以,在它的嘴里先放一根火柴棒。猫头鹰飞入屋内,丢下火柴棒,叼走了戒指。

## 骑士磨炼

某日,亚瑟王和他的顾问梅林商定,让他们的骑士在不指派具体任务的情况下,通过周游去寻找骑士的勇气(当然,结果是令人失望的)。从以下所给的线索中,请你找出每个骑士开始周游的时间、所去的地方以及在返回卡默洛特王宫前所花的时间。

###  提 示

1. 一个骑士很喜欢待在海边,在海边整整待了 7 个星期。他当然没有达到此行的目的。

2. 9月份离开去寻找灵魂之途的骑士,周游的时间要比少利弗雷德多了2个星期。

3. 蒂米德·绍可不是在1月份开始周游的,但是他周游的时间要比他在森林中转悠的同伴多了1星期。

4. 把时间花在村边的骑士并不是9月份开始周游的。

5. 保丘·歌斯特离开后曾在沼泽荒野逗留,且逗留时间不是4星期。

6. 某骑士长达6星期的沉思始于3月。

7. 斯拜尼斯·弗特周游的时间是5个星期。

8. 考沃德·卡斯特是在7月开始周游的。

## 逻辑反转

斯拜尼斯一共离开了5个星期(线索7)。少利弗雷德周游的时间不可能是6星期或7星期(线索2),而其长达6星期的周游则开始于3月(线索6),线索2排除了少利弗雷德的出行时间是4星期,那么他出行的时间一定是3星期,从线索2中知道,斯拜尼斯5星期的出游一定是9月份开始的。我们了解到,保丘离开的时间不是3星期和5星期,线索5又排除了4星期,然而另外一位骑士在海边呆了7星期(线索1),因此通过排除法可知,保丘在沼泽荒野逗留的时间一定是6星期,他是3月出发的。所以,蒂米德·绍可不是在海滩呆了7星期的人(线索3),通过排除法可知,他出行时间一定是4星期。从线索3中知道,少利弗雷德在森林中转悠了3星期,通过排除法可知,在海滩呆了7星期的一定是考沃德,他是7月出行的(线索8)。斯拜尼斯出行不是去了村边(线索4),所以他一定是在河边转悠,剩下蒂米德·绍可去了村边。后者则不是1月份出行的(线索3),那么一定是5月出行的,剩下去森林的少利弗雷德则是1月份出行的。

发射幻想号

101

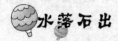水落石出

考沃德·卡斯特是 7 月,海滩,7 星期。

保丘·歌斯特是 3 月,沼泽荒野,6 星期。

少利弗雷德是 1 月,森林,3 星期。

斯拜尼斯·弗特是 9 月,河边,5 星期。

蒂米德·绍可是 5 月,村边,4 星期。

# 不同的信箱

在美国一个偏远的山区,4 位家庭主妇是邻居。每位主妇家门口的信箱颜色都各不相同。根据以下的线索,你能说出每位主妇的姓名和她所用信箱的颜色吗?

提 示

1. 绿色的信箱在加玛和杰布的信箱之间。

2. 阿琳则选择了黄色信箱,她家的门牌号要比菲什贝恩夫人家的大。

3. 巴伦夫人家的信箱则是红色的。

4. 232 号家的信箱是蓝色的,但是这不是路易丝的家。

名分别为:阿琳,加玛,凯特,路易丝

姓分别为:巴伦,菲什贝恩,弗林特,杰布

信箱分别为:蓝色,绿色,红色,黄色

提示:首先从绿色的信箱着手。

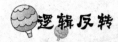

## 逻辑反转

绿色信箱不是属于 228 号或 234 号(线索 1),且 232 号信箱是蓝色的(线索 4),所以绿色信箱一定在 230 号。阿琳则不住在 228 号(线索 2),而且她的黄色的信箱(线索 2)一定不是 230 号和 232 号,那么一定在 234 号。现在通过排除法,巴伦夫人的红色信箱(线索 3)一定在 228 号。从线索 1 中可知,杰布夫人住在 232 号,而加玛就是住在 228 号的巴伦夫人。阿琳并不是菲什贝恩夫人(线索 2),而是弗林特夫人,剩下菲什贝恩夫人则住在 230 号。根据线索 4 可知,路易丝不是杰布夫人,而是菲什贝恩夫人,剩下杰布夫人是凯特。

## 水落石出

228 号是加玛・巴伦,红色。

230 号是路易丝・菲什贝恩,绿色。

232 号是凯特・杰布,蓝色。

234 号是阿琳・弗林特,黄色。

# 名贵的邮票

在一个邮票展览会中,有一枚价值 100 万元的珍贵邮票突然失踪了。当窃贼离开会场时,被保安人员发现,保安立即追踪到某座写字楼的一间办公室里。这时大批警察人员也赶到现场搜捕。警员给窃贼扣上手铐,之后进行搜查,但一无所获。

警员再次打量这间房子,其实这是一间很小的办公室,室内只有一张

发射幻想号

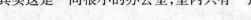

写字台还有一台开着的落地扇。但是由于办公室还没有使用,屋里一点儿多余的东西都没有,几乎没有地方可以藏东西,但是经过仔细搜查仍不见邮票。而追踪这个窃贼的保安人员说,窃贼和他是脚前脚后进到房间里面的,而且窃贼在路上绝没有藏匿邮票的机会。那么,这枚邮票藏在哪里呢?如果找不到它,警察就不能拘捕这一窃贼了。

你能帮助警务工作人员找到这枚珍贵的邮票吗?

## 逻辑反转

其实,窃贼把邮票贴在那转动的电扇叶片上,这样,只要不关掉电源就看不到邮票。

# 面 值

在弗来特里刚刚发行了一套新的邮票,以下就是其中 4 种不同面值的邮票。根据给出的线索,你能找出每张邮票的设计方案分别是什么(包括它们的面值、边框及面值数字的颜色)吗?

 提 示

1. 每张邮票中的数字 5 都一定不是棕色的。

2. 画有大教堂的那张邮票面值中有一个 0,它在有棕色边框的邮票的右边。

3. 第 4 张邮票的面值中有一个 1,而第 3 张邮票上画的不是海湾。

4. 面值为 15 的邮票则在蓝色邮票的正上方或正下方。

5. 画有山峰的不是第 1 张邮票,且它仅比有红色边框的邮票面值大。

图案分别是:大教堂、海湾、山峰、瀑布

面值分别是:10 分、15 分、25 分、50 分

颜色分别是:蓝色、棕色、绿色、红色

提示:首先找出棕色邮票。

## 逻辑反转

数字 5 全都不是棕色的(线索 1),那么棕色邮票的面值一定是 10 分,但不是第 4 张(线索 2),所以在面值中有个 1 的第 4 张邮票(线索 3)面值一定是 15 分。这样根据线索 4,第 2 张邮票是蓝色的。那么由线索 2 告诉我们,描写大教堂的那张邮票的面值中有个 0,但不是第 4 张,而是

第 2 张,从线索中,我们也可以知道第 1 张就是棕色的 10 分面值的邮票。根据同一个线索知道,第 2 张蓝色邮票的面值是 50 分。通过排除法,第 3 张邮票一定是 25 分面值的。山峰既不是第 1 张 10 分邮票上的图案(线索 5),也不是 25 分面值邮票上的图案(线索 5),由于 50 分面值的邮票边框是蓝色的。我们知道,它也不是 50 分面值邮票上的图案,那么只能是第 4 张 15 分邮票上的图案。这样根据线索 5,25 分邮票的边框是红色的,剩下 15 分邮票边框是绿色的。线索 3 告诉我们第 3 张邮票描写的不是海湾,那一定是瀑布,剩下海湾就是棕色的、10 分面值的、第 1 张邮票上的图案。

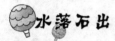

### 水落石出

第 1 张是海湾,10 分,棕色。
第 2 张是大教堂,50 分,蓝色。
第 3 张是瀑布,25 分,红色。
第 4 张是山峰,15 分,绿色。

# 巧妙替换

昨晚,足球赛中主队队员做了 5 次换人。根据以下所给的信息,你能否找出每次换人的时间及离场队员的名字、球衣号码和每次上场的替补队员的名字?

### 提 示

1. 第一位被替换下来的队员穿的是 18 号球衣。

2.凯尼恩在第56分钟被换下场,他的球衣号码至少比被迈克耐特替换下场的队员的球衣号码要大7。

3.帕里和3号球员都不是在第63分钟被替换下场的,后来3号是被豪斯所替换的,但是3号球员并不是帕里。

4.塔罗克在第78分钟上场,但不是替换8号球员。

5.塞尔诺穿的是14号球衣。

6.瑞文替上场换的是弗里斯。

## 🎈逻辑反转

由于塞尔诺穿14号球衣(线索5),18号队员在第24分钟离开球场(线索1),并且在第56分钟被换下场的凯尼恩球衣号码不是3号或8号(线索2),那么他一定穿着27号球衣。豪斯替换3号队员上场(线索3),所以被替换的那个队员不是塞尔诺、凯尼恩和帕里(线索3),不是被瑞文替换的弗里斯(线索6),而是蒙特罗。我们知道凯尼恩不是被豪丝、瑞文或迈克耐特替换下场(线索2),且第78分钟上场的是塔罗克(线索4),所以凯尼恩一定被勒梅特替换下场。通过排除法可知,豪斯在第85分钟上场。那么在第78分钟离开球场的队员不是8号(线索4)而是14号,他是被塔罗克替换的塞尔诺。由于第63分钟上场的队员不是替换帕里(线索3),由此可知弗里斯被瑞文替换下场。最后通过排除法可以知道,弗里斯穿着8号球衣,帕里则在第24分钟后被迈克耐特替换下场。

## 🎈水落石出

24分钟,帕里,18号是被迈克耐特替换。

56分钟,凯尼恩,27号是被勒梅特替换。

63分钟,弗里斯,8号是被瑞文替换。

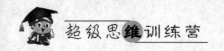

78 分钟,塞尔诺,14 号是被塔罗克替换。

# 玛丽的便宜货

在一个汽车流动售货处,玛丽买了很多她喜欢的东西。根据以下所给的线索,你能否说出玛丽购买每件商品的顺序、品名、价格和售货摊主的姓名?

1. 玛丽从摊主威里手中购买的东西要比她买的第 1 件东西和她买的花瓶都便宜。

2. 玛丽买完书之后去了莫利的货摊。

3. 玛丽则从一位女摊主手中买到的玩具仅仅花了 30 美分,这不是她买的第 2 件东西。

4. 玛丽最终购买的是一块她非常喜欢的头巾。

5. 玛丽买的第 3 件东西是最贵的。

6. 玛丽则从吉恩那里买了一个杯子。

7. 去莎拉的货摊前,玛丽从弗兰克手中购买的商品仅仅花了 25 美分,在莎拉那里购买的商品还不到 60 美分。

## 逻辑反转

吉恩卖给玛丽的是一个杯子(线索 6),玩具的价格是 30 美分(线索 3),弗兰克卖 25 美分的商品(线索 7),这件商品并不是花瓶(线索 1),也不是玛丽买的第 5 件东西——头巾(线索 4 和 7),那么肯定是书。玛丽买的第一件物品不是来自威里(线索1)、莫利(线索2)或莎拉的(线索7)货摊,也不是那本从弗兰克的货摊买来的只有25美分的书(线索1),那么一定是吉恩所卖的杯子。我们知道玛丽买的第3件东西并不是杯子也不是头巾,而且它价值75美分(线索5),也不是书或者玩具,那一定是花瓶。玩具不是第2件东西(线索3),而是第4件,所以剩下第2件东西则是书。这样根据线索2,花瓶一定是从莫利那里买的。威里的货物的价格不是60美分(线索1),也不是莎拉货物的价格(线索7),那60美分的则一定是吉恩卖的杯子,所以剩下的头巾的价格是50美分。玩具不是从威里那里买的(线索3),而是从莎拉的货摊上买来的,那么威里卖给玛丽的就是头巾。

## 水落石出

第1件是杯子,60美分,吉恩。
第2件是书,25美分,弗兰克。
第3件是花瓶,75美分,莫利。
第4件是玩具,30美分.莎拉。
第5件是头巾,50美分,威里。

# 不翼而飞的凶器

阿严是某大公司的一个总裁。最近报纸登出这家大公司已经濒于破产,消息传出不久阿严就失踪了。两天以后,有人发现他死在郊外的别墅里。

经过调查之后,警方相信阿严是被刀片割断喉咙而致死的。由于阿严死前曾经购买了巨额的人寿保险,保险中规定假如阿严死于意外或者

被谋杀都可以获得赔偿,受益的是他的夫人。如果是死于自杀,则不可能获得赔偿。

　　警方认为阿严是死于自杀,但是困难的是在房间中找不到他割喉咙的刀片。按常理来说,用刀片自杀之后是不可能还有力气把刀片藏起来。但警方仍然怀疑阿严企图布下被杀的骗局,得以骗取巨额保险。

　　最后,还是一个细心的警察在屋子里发现了几枚鸟的羽毛,才使问题迎刃而解。你猜他是怎么办到的吗?

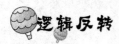

阿严制造骗局的关键是利用了一只鸟,他把刀片用细绳系在了鸟的脚上,自杀以后,鸟则由窗口飞出,带走了凶器。

# 车灯之谜

20世纪50年代的一天深夜,西班牙情报员K驾驶一轿车驶向郊外的小镇。20分钟之前他截获了一条情报,这情报关系到50千米外一个发电厂的生死存亡。第二天凌晨4点,已经安装在发电厂机组里的炸弹就要爆炸,爆炸的威力足以摧毁整个发电厂。他必须将这重要情报,报告给设在小镇的警察局,请他们火速赶到现场,排除炸弹,防止事故的发生。

车刚驶出寓所,他便看到迎面飞速开来一辆卡车。K凭着自己数十年的经验和直觉,认为这辆卡车来者不善。

在卡车即将撞上K车的一刹那,K打开车门,纵身飞出车外。"轰"的一声,轿车被卡车撞出了近百米。

K在地上翻滚了几下,顾不得身上的伤痛,飞快地往便道的另一头逃去。他已感到身后至少有两个人在追赶着自己。他虽然带着手枪,但并不想转身反击身后的暴徒。他清楚自己的重要任务:必须赶到小镇,将情报火速送出去,解除发电厂的重大危机。他一瘸一拐的向前跑,他想,只要到了便道的尽头,就可以找人求助……

身后的暴徒越追越近,但暴徒也没有开枪。他们想活捉,不到最后的关头,他们是不会开枪射击的。

这便道很窄,宽度只有5米左右。

　　K 跑着跑着,突然发现迎面又驶来一辆车子。车子飞快的行驶,两只车灯直射 K 的眼睛,这灯光照得 K 睁不开眼睛。

　　K 心里镇定,当汽车驶近时,他急忙向道旁跳跃出去……但是,当那辆车从 K 身旁驶过的一刹那间,K 却被撞死了。

　　有 5 米宽的大汽车吗? 显然不可能,这是怎么回事呢?

　　当 M 警长赶到现场时,暴徒和车子已逃之夭夭。关于这次坏人企图炸毁发电厂的情报,M 警长已通过另外的渠道截获。当 K 驱车离开寓所时,M 警长已解除了发电厂的爆炸事件。他担心 K 有意外,亲自赶到 K 这儿来,不过还是来晚了一步,K 已经死于暴徒的手里。

　　M 警长仔细观察了 5 米宽的便道,打开手电又看了看地上的轮迹,终于明白事故是怎么发生的了:"看来,K 错误的判断导致自己的死亡。"

　　这次车祸是怎么发生的呢? K 已跳跃到路旁,怎么还会被压死呢?

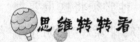

　　开来的车并不是一辆,而是两辆并行的车。他之所以判断错误,是因为那两辆车都只开了一盏靠里侧的灯。

# 练功密室的奇案

　　罗斯男爵是个地道的英国绅士,作为一个有着深厚基督教文化教养的欧洲人却十分推崇东方文化。罗斯曾在青年时到过亚洲,在印度的一段时间,还学会了瑜伽术。回到英国后,他继续修炼瑜伽功,为此买下了一座旧健身房,把它改造成练功的地方。罗斯男爵性格内向,又非常虔诚于自己的信仰,常把自己反锁在健身房里苦练。储备好食物,在室内完成自己的吃饭问题,往往一两个星期才出来一次。

罗斯从印度带回4个懂得瑜伽的人,雇用他们是为了与他们一同研究瑜伽术,希望把瑜伽术带到西方来。

一天,4个印度人急急忙忙赶到男爵家,向男爵夫人报告说:"不好了! 罗斯爵爷饿死了!"男爵夫人赶到练功房一看,只见男爵僵卧在一张床上,他准备的食物原封不动地放在那儿

警察赶来检查了健身房。这是一座坚固的石头房子,门非常结实,又确实是从里面锁上的,并没有被人打开过门锁的任何迹象。室内地面离屋顶有15米左右,在床上方的屋顶上有一个四方形的天窗,但窗是用粗铁条拦住的,即使卸下玻璃窗,再瘦小的人也不可能从这里钻进去。也就是说,这座健身房是一间完全与世隔绝的密室。警察传讯了4个印度人,因为"首先发现犯罪现场的人"往往最值得怀疑。但4个印度人异口同声地说:"爵爷为了能独自练功,下令不许任何人去打扰他。整整两个星期,我们都没到这儿来过一次。后来,我们不放心,才相约来看望他,敲了半天门没有动静,从窗缝往里看,才发现爵爷直挺挺地躺在床上……"

警察检查了食物,并没发现有任何毒物。因为是冬天,食物也没有变质,房里也没有发现任何凶器。于是,警察就想以罗斯绝食自杀来了结此案。但是,罗斯夫人对此表示十分不满,亲自拜访了福尔摩斯,请他出场重新勘查此案。

福尔摩斯对现场进行了详细的勘查,最后从蒙着薄薄一层灰尘的地板上发现:铁床四个床脚都有被挪动过的迹象。

于是他问:"夫人,请问您先生是否患有高空恐惧症呢?"

罗斯夫人回答:"他一站到高处就头晕目眩,两腿发软不敢动,这个毛病从小就有……"

"原来这样啊,那案子就可以迎刃而解了。"福尔摩斯立即要求警方逮捕那4个印度人。警方逮捕了4个印度人,他们供认了谋害罗斯男爵、企图夺取罗斯财产后逃回印度的犯罪事实。令人惊叹的是,他们供认的作案细节,竟然和福尔摩斯的推理几乎是完全一致的。

发射幻想号

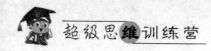
超级思维训练营

福尔摩斯的助手华生问福尔摩斯："您是凭什么作出这个判断的呢?"

是啊,福尔摩斯是怎样作出这样的判断呢?

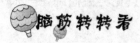

那4个印度人趁罗斯熟睡时,从屋顶垂下了一根带钩子的绳子,把罗斯连人带床一起吊到了半空中,罗斯因为有恐高症,就这样吓瘫了,饿死了。

— 114 —

# 巧用盒子

每次乔做家务要用到东西的时候,他就会从盒子里面去找。桌子上分别放着4个不同颜色的盒子,且每个盒子里都是一些有用的东西。从以下所给的线索中,你能否弄清有关盒子的详细细节?

提　示

1. 不同种类的43个钉子不在灰色的盒子里。

2. 蓝色的盒子里共有58个东西。

3. 螺丝钉在绿色的盒子里,绿色盒子一边的盒子里有洗涤器,另一边的盒子则里放着数目最多的东西。

4. 地毯缝针在C盒子里。

盒子颜色分别为:蓝、灰、绿、红

东西数目分别为:39、43、58、65

东西条目分别为:地毯缝针、钉子、螺丝钉、洗涤器

提示:首先分辨出钉子所在盒子的颜色。

发射幻想号

逻辑反转

蓝色的盒子里有58个东西(线索2),绿色盒子有螺丝钉(线索3),43个钉子都不在灰色的盒子里(线索1),所以一定在红色的盒子里。我们知道绿盒里的东西不是43个或58个,那么线索3也排除了65个,所以在绿盒里一定是39个螺丝钉。通过排除法可知,灰色盒子的东西一定是65个,它们不是洗涤器(线索3),所以一定是地毯缝针,灰色盒子则

是 C 盒(线索 4),剩下蓝色的盒子则有 58 个洗涤器。绿盒不是 D 盒(线索 3),因它有 2 个相邻的盒子,可以知道它就是 B 盒,而有洗涤器的盒子就是 A 盒(线索 3),剩下红色的盒子就是 D 盒。

## 水落石出

A 盒是蓝色,58 个洗涤器。

B 盒是绿色,39 个螺丝钉。

C 盒是灰色,65 个地毯缝针。

D 盒是红色,43 个钉子。

# 离奇失踪的埃及王冠

古董收藏家史密斯的家里接到了这样一个电话:

"请问您是史密斯先生吗?"

"是我。请问您是哪一位?"

"我是大盗巴特勒。"

听到这样的回答,史密斯的脸痛苦地抽动着。

"又是恶作剧瞎打电话吧,要是没事我就挂电话了。"

"别挂啊,我不是恶作剧。跟你实话实说吧,我看上了您珍藏的那件埃及王冠。"

史密斯的脸刷地变得苍白了。这个埃及王冠可是件稀世珍宝。王冠上面镶嵌着二十几颗五光十色的珠宝,有钻石、红宝石、绿宝石、蓝宝石。其中尤以王冠正面镶嵌的一颗大钻石最为珍贵。埃及王冠现收藏在史密斯书房的保险柜里。保险柜是特制的,极其坚固。

"今天我就去取。你报警也没关系,恐怕他们也帮不了你什么忙的。

不过,你锁在保险柜里很不安全,丢失了,你都不知道。总之,你要多留神,再见。"

电话挂了。大惊失色的史密斯急忙报了警。

十几分钟后,彼得队长率领 10 名警察赶到史密斯家。

"我是警察彼得,已在贵府内外布置了警力,请您放心。"

史密斯紧张的心稍稍放松了一点儿。

"埃及王冠是放在那个保险柜里吧?"彼得指着书房角落的保险柜说。

"是的,平时总是寄放在银行租用的保险柜里,因明晚有个朋友想来看看,这才从银行取回来。噢,噢,对了,幸好你们都在这里,我觉得确认一下保险箱比较好。"史密斯还清楚地记着巴特勒说过的话,于是他确认了一下保险箱的皇冠是否还在。

"啊,太漂亮了!"警察彼得情不自禁地叫出声来。史密斯从保险柜里取出的"所罗门王冠"五光十色。警察彼得惊叹道:"竟然有这么美丽的东西。"

事情就发生在这一瞬间。突然,房间里的灯灭了,四周变得一片漆黑,接着就听见窗外传来一声枪响。

屋内的人都不约而同地拥向窗边。彼得向窗外大喊了声:"发生什么了?"

在窗外监视的警察慌里慌张地报告:"院子的角落里突然窜出一个可疑的身影,朝天开了一枪就跑掉了。"

"该不是见戒备森严就放了一枪吧。"警察彼得心想。

很快,电来了,屋里又亮了起来。是有人在屋外的电门上做了手脚。

就在这时候,史密斯悲伤地惊叫起来:"哪去了? 埃及王冠不见了?"

刚刚还在桌子上的王冠已不翼而飞。

"怎么回事? 房间都上着锁,所有通道都有人把守……"

警察彼得对在场的 5 个人都仔细进行了搜身,没有发现王冠。

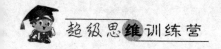

请问皇冠是怎么被盗的？

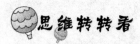

巴勒特事先潜藏在房间的椅子后面，同伴则在外面断电和放枪，断电后众人都被枪声引到窗前，巴勒特趁机拿到王冠。

# 一杯威士忌

杰克是一位开朗、嗜酒如命的侦探。他的职业是律师，常常在酒吧里喝得烂醉如泥，很多案件就是在酒吧发生的。

就在这天晚上，杰克又到酒吧里去喝酒。这位"酒仙"侦探喝酒从来不吃菜，他喜欢坐在酒吧柜前喝威士忌，一边喝一边跟老板聊天。这家酒吧的老板名叫约翰，是一个和蔼可亲的生意人。

当杰克喝完第三杯威士忌时，老板的弟弟汤姆走了进来。"汤姆！好长时间没看到你了，来干一杯！"约翰对好了两杯掺有苏打水和冰块的混合威士忌，将其中的一杯递给了弟弟汤姆，举起另一杯，说，"为你的到来干一杯！"汤姆在酒吧凳上坐下，看了哥哥一眼，却没有去接那杯酒，汤姆没有喝约翰给他的酒。

"你为什么不喝呢？是怕我投毒吗？怀疑我下毒的话，我就先喝。"说着，约翰端起酒杯就喝了一大口，喝完半杯，才把酒杯递给汤姆。"看，没事吧，你可以放心喝了。"他笑着说。

杰克知道其中的缘由。原来他们是同父异母的兄弟，因为继承遗产而正在打官司，所以，弟弟汤姆怕被哥哥毒死，他是不会轻易喝哥哥对的酒的。

由于酒吧前有顾客，当着那么多人的面，汤姆也不好当众给哥哥难堪;同时,他看哥哥没有中毒,于是就没怀疑,小心翼翼地端起酒杯,慢慢地喝起那剩下的半杯威士忌。

这时,杰克已喝完第四杯威士忌。当他正要喝第五杯时,汤姆突然倒在了自己身上。杰克扶起汤姆一看,他已经死了。约翰奔出酒吧柜台,请求杰克帮他把弟弟送入医院,并希望杰克作为目击者证实一点:汤姆之死与那杯刚喝下的酒无关。

这案件让杰克很惊讶,为什么他就这么死了。同一酒杯中的混合威士忌,兄弟两人各喝一半,为什么哥哥喝了没事,而弟弟却突然死了呢?

喝得半醉的杰克,凭着直觉就能断定投毒的一定是约翰,但一切需要证据。经验告诉杰克:可能是哥哥先吃了解药。杰克立即从酒吧柜台上取过约翰喝第一杯酒的那只酒杯,检验酒杯的残液中是否含有解毒剂。化验结果令人失望,残液中丝毫不含任何解毒药剂。杰克又想到"共饮一杯酒"还有一种情况,如果凶手和被害者之间只要有一个是左撇子,那么,两人使用大啤酒杯对饮时,由于拿杯子的手是一左一右,两人接触嘴唇的杯沿也必定是一人一边。凶手只要把毒药预先涂在对方喝的一边的杯沿上,就能解释这个案件了。于是,杰克提议赶来破案的警察化验杯子的杯沿。化验的结果又使杰克感到意外,杯沿上并没涂过什么毒药。

这时,约翰对杰克嘲笑道:"杰克,我看您还是再喝一杯酒吧!这样您就能抓到真正的凶手了!"

杰克于是开始喝第五杯威士忌。他的头脑开始发热,便要约翰往他的酒杯里放三颗冰块。杰克一口气喝完了杯中的酒,但冰块还没有溶化。杰克真有点醉了,他半睁开蒙眬的醉眼,看着空酒杯中的冰块在灯光下泛着白光。

"杰克,你还想再喝一杯吗?"约翰的声音有些异样,"我真不是凶手。"

"不!我已经识破了你的诡计!你就是毒杀自己亲弟弟的凶手!"

请问约翰是怎么杀人的?

发射幻想号

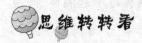
思维转转看

约翰所用无色透明的毒剂注入冰块中心,结冻后混入给弟弟喝的那杯酒中,弟弟喝得慢,冰块溶化了,毒液便释放出来。

# 窃听器

国外不惜重金的收买人员,想要窃取我国代号为"xx99"的导弹项目资料。这天,总工程师将在科研所的论证会上汇报工作,因此,会议是在绝对保密的情况下召开的。然而意想不到的是,外国情报机关的黑手还是伸进了会场。

会议在下午3时开始了。正当科研所所长移动话筒准备主持会议时,电线将一只茶杯碰翻落地,总工程师在地上捡茶杯时,发现桌子底下安装了一只窃听用的微型录音机。所长立即报警,公安人员迅速赶到现场。检查结果:录音机的磁带上开始没有声音,3分钟后关门声,12分钟后便是与会者进入会场的脚步声和说话声。因此推断安装窃听录音机的时间大约是在下午2时45分左右。

当天是星期天,科研所放假,只有3位女职员加班,公安人员决定与科研所所长一起找她们谈话。3位女职员同时来到所长办公室。

"自报姓名,下午为什么离开办公室。"公安人员问道。

最先回答的是胡晓君:"我一直在电脑房打字,太累了,我去阳台活动活动。"

"什么时间?"

"对面高楼上的时钟显示是2时45分。"

"你为什么穿旅游鞋?"所长严肃地问。

"昨晚扭伤了,副所长同意了我穿旅游鞋。"胡晓君回答。

"情况特殊,可以原谅!"所长说着,又问另一位,"你呢?"

第二位杨莉红回答:"午餐后我口渴了,去走廊拿水喝,经过楼梯时,那里的挂钟也是 2 时 45 分。"

"规定只准穿所里发的平跟鞋,你为什么穿高跟鞋?"所长又严肃地问她。

"我身材矮,下班后就要去会男朋友,来不及回家换。这是我首次违反纪律,请所长原谅。"杨莉红说着,眼泪都快流下来了。

"下不为例。"所长说着,又要第三位叶咏姗回答。

"今天拉肚子了,下午 2 时 45 分去过卫生间……"

她还没说完,所长又严肃地问:"你这么高的身材,为什么也穿高跟鞋?"

"我的男朋友是篮球运动员,与他比,我矮多了。今天是周末。我原以为可以不用加班,现在我知道错了,请所长原谅这一次。"

不待所长说话,公安人员立即站了起来,让其中两位走了,只留下了一位,对她继续审问。结果案件告破,她如实交代了罪行。

请问公安人员留下了三位女职员中的哪一位?为什么?

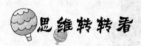

**思维转转看**

公安人员留下的是胡晓君。录音磁带开始的时候没有声音,只有轻轻的关门声,那便是证据,胡晓君穿的是旅游鞋,自然不会留下任何脚步声。

# 换 装

在古代英国,有素养的女士不像现在这样可以在海边游泳,她们只能

穿着及膝的浴袍坐在沐浴用的机器上面,让机器把她们缓缓降入水中。

如下图展示的 4 个机器,从所给的线索中,你能否说出使用机器的 4 位女士的名字以及她们所穿浴袍的颜色吗?

1. 贝莎的机器是紧挨马歇班克斯小姐的机器。

2. C 机器则是兰顿斯罗朴小姐的。

3. 卡斯太尔小姐穿着绿白相间的浴袍。

4. 拉福尼亚的机器则位于尤菲米娅·坡斯拜尔的机器和穿黄白相问

浴袍小姐的机器之间。

　　5.使用B机器的女士穿了红白相间的浴袍。

　　名分别为:贝莎,尤菲米娅,拉福尼亚,维多利亚

　　姓分别是:卡斯太尔,兰顿斯罗朴,马歇班克斯,坡斯拜尔

　　浴袍分别是:蓝白相间,绿白相间,黄白相间,红白相间

　　提示:首先找出D机器使用者的名字。

## 逻辑反转

　　B机器是穿红白相间的浴袍的女士所用的(线索5),线索4排除了D是尤菲米娅·坡斯拜尔用的,由于兰顿斯罗朴小姐用了机器C(线索2),尤菲米娅的机器则可能是A或者B。而拉福尼亚的是B或者C(线索4),所以她也不用机器D。我们知道兰顿斯罗朴用了机器C,那么贝莎不可能是机器D(线索1)。所以,通过排除法可知,维多利亚肯定用了机器D。所以她的姓不可能是马歇班克斯(线索1),知道她的姓也不是坡斯拜尔或者兰顿斯罗朴,那么一定就是卡斯太尔,而她的浴袍肯定是绿白相间的(线索3)。因此尤菲米娅不可能用了机器B(线索4),所以一定是在A上,剩下机器B是马歇班克斯用的。因此,从线索1中可以知道,贝莎就是兰顿斯罗朴小姐,她用了机器C,穿的是黄白相间的浴袍,通过排除法可知,尤菲米娅·兰斯拜尔则是穿蓝白相间浴袍的人。

## 水落石出

　　机器A是尤菲米娅·坡斯拜尔,蓝白相间。

　　机器B是拉福尼亚·马歇班克斯,红白相间。

　　机器C是贝莎·兰顿斯罗朴,黄白相间。

　　机器D是维多利亚·卡斯太尔,绿白相间。

# 通缉犯的发型之谜

一天早上,小林警官垂头丧气地走进罗波的侦探事务所。

"罗波,你要是发现了这个家伙就马上通知我。这是通缉犯的剪拼照片。"小林一边说着一边从上衣口袋里掏出一张照片递给罗波侦探看。照片上的人留的是分头。

"这个人犯了什么案?"

"这一个月以来,夏威夷地区接连有几家饭店遭到怪盗的洗劫。这个怪盗的作案特征是专门趁着日本游客洗海水浴的时候,潜入客人的房间盗窃现金和宝石。终于有一天该他不走运。4天前,他在行窃时被饭店的服务员发现了,但他立刻打倒了服务员然后仓皇逃跑,似乎是乘飞机逃到东京来了。接下来,夏威夷警方根据服务员的描述,给犯人画了像,请我们来协助追捕。"小林警官把情况大致说了说。

罗波侦探认真地看着照片,突然惊叫道:"哎呀!原来是这个家伙,我还真的知道。他就是昨天才搬进这个公寓4楼的那个人。"

"噢,竟然这么巧?"

"是的,脸型非常像。只是发型有一点不一样。"

"不管怎么样。咱们还是先去看看。你带我去吧。"

两个人马上来到了4楼,敲响了413室的门。门开了,一个男人从门后探出头来。

的确,此人跟照片上通缉的那个人长得简直一模一样,只是梳着背头。

"喂,洗劫夏威夷饭店的那家伙就是你吧!"小林警官把通缉照片送到他的面前。

"这不可能!我的头发,你们看!是背头呀。十几年来我一直是这种发型没变过。但是这张照片上的人留的是三七分缝的头型,只是长得有些像我,但肯定不是我。"

"发型只要有把梳子,要什么型就有什么型,而你晒黑的脸就足以证明你在夏威夷待过很长的时间。"

"我的脸是打高尔夫球的时候晒黑的。随便你怎么怀疑,反正你也拿不出证据证明我梳过分头!要想逮捕我,就先拿出证据来看看。"他板着脸佯作不知。

就连小林警官也被噎得没话说了。

就在这个时候,罗波侦探从旁插话道:"那么,请你配合我做个实验怎么样,就做一个。通过这个实验,就能证明你是不是清白的。你不会不想要自己的清白吧?"

对方犹豫了一会儿,终于还是答应了。"那好吧,你做什么实验我不管,只要你能证明我是清白的,我都会乐意协助你的。"

罗波侦探把对方带到附近的一个理发店做了个实验。于是,罗波侦探拿到了他最近留过三七分缝头型的证据。立刻就戳穿了他的谎言。

"真不愧是名侦探啊!"小林警官对罗波侦探的智慧佩服得五体投地。

那么,罗波侦探究竟做了什么实验,戳穿了此人的伪装呢?

## 思维转转看

罗波让人剃光了他的头。这样,他头上就会露出三七分缝头型的证据。梳着分头,在夏威夷待一个月,分头的缝隙线就留下阳光晒过的痕迹。

# 一颗散落的珍珠

一天早晨,朗波侦探急匆匆地赶到一处公寓,因为该公寓的主人报案说,昨天公寓里被小偷光顾了,被偷走了很多珠宝。

在公寓里,朗波侦探发现地毯有被吸尘器清扫过的痕迹。朗波侦探仔细检查,突然发现地毯的边上有一颗散落下来的珍珠,也许是小偷不注意的时候遗落到地毯上的。于是他故意将一些纸撕成碎片撒得满地都是,遮盖住了珍珠,接着让助手找来了这家的管家。出示了证件后朗波问管家道:"你昨天晚上住在什么地方?"

"我在这公寓里我自己的房间睡觉,一直没出来。"管家回答。

"昨天晚上公寓里进了小偷,你知道吗?"朗波侦探又问。

管家说:"我也是起床的时候才知道的。丢了什么东西吗?"

朗波侦探说:"这正是我要问你的问题,你不知道吗?"

管家说:"探长先生,我真的不知道。这一地碎纸片是怎么回事?"

"也许是罪犯乱翻东西的时候弄的!"朗波说,"对不起,请麻烦打扫一下。"朗波侦探吩咐道:"如果又发现有什么东西被盗了的话,请马上告诉我。"

"好的。"管家拿出了吸尘器,立刻开始清扫房间。吸尘器里很快就装满了碎纸片,吸力弱下来了。"我去倒垃圾。"管家拿着吸尘器进了厨房,接着又出来继续清扫。

"厨房里有什么不一样吗?"朗波侦探不经意地问。

"什么也没发现。"管家回答道。

"是吗?"朗波侦探两眼直视管家,"这么说,罪犯就是你喽!"

管家吓得倒吸了一口气,但又马上镇静了下来。他关掉吸尘器的开关,马达声立刻停了下来。"你凭什么说我就是罪犯?"

"珍珠就是证据。你把盗走的宝石和珍珠藏到哪儿去了？老实告诉我。"管家一脸沮丧，不得不承认是自己偷的。为什么朗波侦探认定管家就是罪犯呢？

## 思维转转看

朗波检查发现地毯被吸尘器清扫过。于是他故意将碎纸片扔了一地，然后观察管家在打开吸尘器时发现珍珠的反应，如果他默不作声，就证明他是罪犯。

# 杨树叶作证

一天，有一胖一瘦两个年轻人来见法官。

胖子抢先开口说道："法官大人，这个人借了我的金子不还，请大人为我公断。"

瘦子忙跑到胖子的前面，嬉笑着说道："法官大人，别听他胡说八道，我根本就不认识他，怎么能赖他的金子呢？"

法官听了两个人的话后，先问瘦子："你到底拿过人家的金子没有？"

瘦子答道："我向天发誓，决不敢在此蒙骗大人！"

法官接着又转过身来问胖子："你说他拿了你的金子，有什么人可以作证吗？"

胖子挠了挠头，丧气地说："当时只有我们两个人在场，没有证人啊！"

听了这话后，瘦子暗自发笑。

法官感觉瘦子那得意的微笑里似乎隐藏着什么。心想，这里面一定有问题。他思忖片刻，又问胖子：

"半年前,你在什么地方把金子借给他的呢?"

"在镇子东面5里远的一棵大杨树下面。"

"好,你马上再去一趟,到杨树下拾两片落叶来给我,我要把他们当作证人,他们一定会告诉我真情的。"

"用树叶当证人? 天大的笑话!"胖子心里疑惑,便不肯前去。

"你愣着干什么? 还不快去!"法官不高兴地瞪了胖子一眼。

那个胖子心里想,事到如今去就去吧,或许他还能想出点什么高招呢,胖子朝镇子东面走去。

胖子走之后,法官又对那个瘦子说:"你先在这里等一会儿,等他回来之后,我再处理你们的案子。说完法官就审理别的案子去了。

过了大约有半个多小时,法官又审理完了一个案子之后回来了,突然抬起头来问道:

"都过去半小时了,他怎么还不回来呢?"

"我觉得这时候他还没走到那棵树下面!"瘦子很自信地回答说。

又审完了一个案子之后,法官再一次转过身来问那个瘦子:"都过去一个半小时了到底怎么样了? 这回他该往回走了吧?"

"是的,法官大人,他很快就能来到您的面前了。"

瘦子话还没说完,胖子就满头大汗地跑回来了。他把两片枯黄的树叶递到法官面前,哭丧着脸对法官说道:

"法官大人,我把树叶拿回来了,可是这两片树叶真的能为我作证吗?"

"当然可以,年轻人,现在它已经为你作证了。"

"作证了? 怎么回事?"

"是的,现在我就来宣判,"法官轻蔑地看了瘦子一眼,略带讥讽地说道,"可爱的年轻人,说实话吧,难道你还想继续赖人家的金子不还吗?"

眼看谎言就要被揭穿,瘦子彻底垂头丧气了,他低下了头,羞愧地把金子还给了胖子。

法官到底是根据什么判断这件没有证人的争论诉讼案的呢？

## 脑筋急转弯

法官是用试探性的方法审理这件案子的。法官想，胖子说是在 5 里地外的一棵杨树下把钱交给瘦子的，如果这是假话的话，那么瘦子根本就不会知道 5 里地外的那棵大杨树。所以，他让胖子去拿几片树叶。当胖子走了大约半小时后，法官试探性她问瘦子："他怎么还不回来呢？"瘦子却很清楚地回答说："我估计这时候他还没有走到那棵树下面！"这正好证明了瘦子知道有这样一棵大杨树，并且知道不在很近的地方。由此证明：胖子说的是实话，而瘦子说的肯定是假话了。

# 守卫城堡

18 世纪末，斯顾博格公爵花了大把的钱造了一个童话般的城堡，尤其是那 4 扇富丽堂皇的大门给人极大的震撼。从以下所给的线索中，你能说出这 4 扇门的名字、以及负责的长官和守卫它们的护卫队吗？

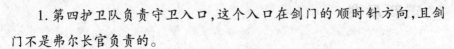
## 提  示

1. 第四护卫队负责守卫入口，这个入口在剑门的顺时针方向，且剑门不是弗尔长官负责的。

2. A 门则为第二护卫队守卫。

3. 钻石门的护卫队号比 D 门护卫队大 1。

4. 铁门是在城堡的南方。

5. 哈尔茨长官负责的是第一护卫队，第一护卫队不看守鹰门。

— 129 —

6.克恩长官的护卫队号比苏尔长官的护卫队小1。

门分别是:钻石门,鹰门,铁门,剑门

长官分别是:弗尔,哈尔茨,克恩,苏尔

护卫队分别是:第一,第二,第三,第四

提示:首先找出D门的名字。

## 逻辑反转

　　铁门在城堡的南方(线索4),那么A门为第二护卫队守卫(线索2),而剑门则是在第四护卫队守卫的门的逆时针方向的下一扇门(线索1),且不是D门,而D门也不是钻石门(线索3),所以一定是鹰门,它不是由哈尔茨和第一护卫队负责的(线索5),也不是由第二护卫队负责的,线索

3 排除了第四护卫队，所以 D 门一定是由第三护卫队看守的。因此，从线索 3 中知道，第四护卫队看守钻石门。我们知道钻石门不是 C 和 D。所以护卫队号也排除了 A 门，因此它就是 B 门。我们从线索 1 中知道，A 门就是剑门。通过排除法，哈尔茨长官和第一护卫队负责的一定是铁门。而克恩不掌管第一护卫队，因此苏尔不掌管第二护卫队（线索 6），也不是由弗尔掌管的（线索 1），那么一定是克恩掌管了第二护卫队。苏尔是第三护卫队的长官，负责鹰门，即 D 门（线索 6），剩下的弗尔掌管第四护卫队，负责 B 门，也就是钻石门。

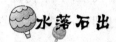**水落石出**

A 门是剑门，克恩，第二护卫队。

B 门是钻石门，弗尔，第四护卫队。

C 门是铁门，哈尔茨，第一护卫队。

D 门是鹰门，苏尔，第三护卫队。

# 假装哑巴去取证

一列火车疾驶在一望无际的原野上。车厢里侦探长琼斯拿着一本小说在打发着寂寞又无聊的旅途时光。忽然，一个金发碧眼的女人从他坐席旁边走过，不小心撞了他一下。正好见他的小说掉在了地上，那女人连忙弯下腰，把小说捡起来，递给琼斯说："不好意思，先生。"按理说琼斯本应回答一句没关系，但是他却愣住了：这女人怎么看着这么面熟，好像在什么地方见过她。就在他犹豫的时候，那女人冲他打了个飞吻，便转身往前面的车厢走去。

我是在哪里见过她呢？琼斯冥思苦想着，以往接触过的女人一个一个的从他脑海里闪过。突然,他想起了什么:难道……是她?

琼斯装作若无其事的样子离开了自己的座位,也朝前面的车厢走去。他要去找刚才帮他捡起书那个女人。可是他失望了,前面的五节车厢都看过了,却怎么也找不到那个女人。可是,当他走回到自己乘坐的那节车厢,刚推开厕所门进去,门就被关上了。琼斯定睛一看,大吃一惊,但却不敢表现出来,那个金发碧眼的女人正站在自己的对面!

"你喜欢我?"金发女人笑着对他说。

琼斯耸耸肩,摇摇头。

"不喜欢? 可是不管你是不是喜欢我。你必须得拿钱来,不然我就出去喊人,说你要非礼我!"金发女人手握门把手,碧眼紧盯着琼斯那毫无表情的面孔。

琼斯在紧张飞快地思考着,怎样才能抓住这个女诈骗犯呢? 说没有钱,她会要我腕上的金表;掏枪抓捕她? 她会说我威逼无辜,而且又没有证据……这可怎么是好。

"你是个哑巴? 快说,到底给不给钱?"金发女人眼睛里露出了凶狠而贪婪的眼神。

忽然,琼斯想出了个妙计。很快,那个女诈骗犯就乖乖地跟着琼斯走出了厕所。当天,在警察局里,女诈骗犯供认不讳,承认了自己连续多次诈骗作案的犯罪事实。

琼斯用的是什么妙计擒获那个女诈骗犯的呢?

### 脑筋转转看

琼斯觉得金发女人眼熟,终于想起了这就是那个一直通缉在逃的诈骗犯。在厕所里他装作一位聋哑人,让女诈骗犯把自己要钱时想说的话都写在了一张纸上。于是,他就有了确凿的证据,抓住了这个女诈骗犯。

# 引　诱

春秋战国时期,齐、楚、燕、韩、赵、魏六国在一个名叫苏秦的人的游说下,联合起来,共同抗秦。六国国王都很信任苏秦,所以都封他为本国的宰相。

一天,苏秦告别燕王来到了齐国。齐王亲自出门迎驾,并把他安置在了一个戒备森严、风景秀丽的花园中。齐王几乎每天都要来到这个花园和苏秦商量军机大事。一天吃过晚饭之后,苏秦送走了齐王,独自一人来到了后花园散步。他走过小桥来到了望月亭坐下,突然从亭边一棵桃树后面蹿出一个蒙面刺客,挥舞着剑向他刺来。苏秦大惊失色,一面高呼救命,一面抓起身边的一根木棒企图去抵挡迎面的剑。那刺客剑法十分熟练,平时从不习武的苏秦怎么可能是他的对手。只用了两三下,苏秦便被刺客一剑刺中翻倒在地。刺客见状便翻墙逃走了。等到守卫花园的士兵们赶到时,苏秦已经奄奄一息了。

士兵们急忙把苏秦后花园被刺的消息报告给了齐王。齐王当即赶到花园看望苏秦。

苏秦拼命地睁开眼睛,对齐王说:"大王,臣死而无憾,只是不能再助大王完成抗秦大业了……"

齐王连忙安慰他说:"本王要为你树碑立传,永示后人!"

"大王,万万不可,万万不可啊。"

"为什么?"

"我只有一个要求……"

"快说,不管什么事,本王都替你去解决!"

"我要大王捉住刺客,为臣报仇!"

"可是刺客已经逃走了。"

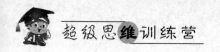

"我有一个办法可以让他自投罗网。"

苏秦说出了自己的主意,齐王大吃一惊,刚要再问,苏秦便脑袋一歪,咽下了最后一口气。

第二天,齐王亲自实施了苏秦对他说的计划,果然,很快就有一个人来到齐王的面前,神气十足地对齐王说道:

"启禀大王,是我见苏秦对齐国怀有二心,所以除掉了他。"

"这么说,是你刺死苏秦的了?"

"正是小人为民除奸,若有不忠,小人死而无憾。"

"好,那就请你把刺杀苏秦的经过讲给本王来听听。"

刺客一听十分高兴,一口气儿把那天晚上刺杀苏秦的经过向大王叙说了一遍。齐王听刺客说的和苏秦临死前说的情况一样,便认定了此人正是刺客无疑,于是高声喝道:

"来人! 把他给绑了!"

"啊! 大人……"刺客惊慌得叫喊起来。

"哈哈哈……"齐王一阵大笑,高兴地说道:"苏秦不愧为天下名士,足智多谋。是他临死时给本王出的主意,这才抓住了你这真正的奸佞之徒! 把他拖出去斩了,用他的头来祭奠爱臣苏秦的亡灵!"

刽子手立即将刺客斩首示众。

人们看见刺客伏法了,便更加佩服苏秦的智谋。

那么,苏秦临死时给齐王出的是什么主意,才能让刺客自投罗网的呢?

## 脑筋转转看

苏秦知道自己已经伤势太重,马上就要不久于人世了。但是他为了能够捉住刺客,便献了一个"自污"的计策来帮助齐王破案。他对齐王说道:"臣死后,请大王亲自将臣的尸体车裂示众。然后再当众宣读我所犯的罪行，说我是燕国派来秘密颠覆齐国的奸细。只有这样做才能捉到刺客，就能为臣报仇了。"

　　齐王按苏秦的主意办了之后，刺客看见苏秦被车裂，心里自然十分庆幸得意。一来再不用担心被捉导致杀头，二来不仅赚了一大笔钱，还可能要立功受奖赏呢！这样，他便大大方方的自动从人群中走出来，承认了自己就是刺客。结果自己却中了苏秦的圈套。

发射幻想号

# 古书的收藏

　　一个古书爱好者和收藏者，来到拍卖会上。他对其中的 5 本拍卖书

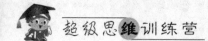

非常感兴趣。从以下所给的信息中,请你说出它们的拍卖号、书名、出版时间以及吸引收藏者的独特之处。

## 提  示

1. 小说《多顿公园》带有完整注释的版本,它的拍卖号是一个奇数。1860 年《大卫·科波菲尔》并不是 5 号,也不是曾经是著名的收藏书中的一部分。

2.《哲学演说》是 21 号拍卖书,它并不是 1780 年出版的,1780 年出版的书要比《伦敦历史》的拍卖号数字要大。

3.《马敦随笔》并不是 16 号,1832 年出版的书不是 5 号和 8 号。

4. 8 号拍卖书则是让人非常想得到的第一版印行的书。

5. 13 号是 1804 年出版的书。

6. 1910 年出版的书带有作者的签名。

## 逻辑反转

13 号拍卖书是 1804 年出版的书(线索 5),而 5 号则不是 1860 年的《大卫·科波菲尔》(线索 1),不是 1832 年的版本,也不是 1780 年出版的,由于后者的拍卖号要比《伦敦历史》大(线索 3),所以 5 号一定是 1910 年出版的有作者签名的书(线索 2)。它不是带有注释的(《多顿公园》(线索 6),也不是 21 号《哲学演说》(线索 1),也就是说《多顿公园》的奇数拍卖号一定是 13 号,那么它是 1804 年出版的。《哲学演说》不是 1910 年和 1780 年出版的(线索 2),一定是 1832 年出版的。1780 年出版的不是《伦敦历史》(线索 2),那么肯定是《马敦随笔》,剩下《伦敦历史》是 1910 年出版的。《马敦随笔》不是 16 号(线索 3),那么一定是 8 号,剩下 1860 年的《大卫·科波菲尔》是 16 号。因此,1780 年的书肯定是第一版(线索4)。最后,曾经是著名珍藏之书的并不是《大卫·科波菲尔》(线索1),那么《大卫·科波菲尔》一定是稀有之物,剩下的珍本是1832年的《哲学演说》。

## 水落石出

5 号是《伦敦历史》,1910 年,作者签名。

8 号是《马敦随笔》,1780 年,第一版。

13 号是《多顿公园》,1804 年,完整注释。

16 号是《大卫·科波菲尔》,1860 年,稀有之物。

21 号是《哲学演说》,1832 年,珍藏部分。

# 设宴抓贼

西汉宣帝年间,京都长安城里小偷多得惊人。

一天,汉宣帝召见了长安的行政长官张敞,让他限期在一个月内把城里的小偷全部抓光。于是张敞派出许多差役抓小偷,可是,抓了半个月也没有能够抓到几个。到底怎么才能把小偷抓光呢? 张敞整日愁眉不展,冥思苦想。最后,自己亲自化装成侦察,顺藤摸瓜,然后,再努力争取一网打尽。

这一天,他化装来到了繁华的大街上,仔细注意观察街上的行人,到了天将中午的时候,一个40多岁左右的中年人引起了他的注意。这个人从衣着打扮上来看像个书生,可两只眼睛却贼溜溜地乱转。在他的身后还紧紧地跟着一个身强力壮的汉子,汉子手里提着两只布口袋。

中年人走到一家丝绸店前,店老板看见之后马上笑脸迎出来,并让人捧来两匹丝绸,装进了壮汉的布口袋里。中年人又来到一家食品店前,店

发射幻想号

137

主人也同样殷勤地跑出来,挨着样地给拣了一大堆吃的,倒进了壮汉的另一只布口袋里。在这之后中年人和壮汉又走到几家店铺门前,也都如此。

张敞觉得这事儿很怪,头脑中出现了一个个大大的问号:为什么这些店铺的老板如此恭敬这个中年人呢? 为什么中年人买东西能够不给钱? 这个人是干什么的呢?

为了把事情弄明白,张敞立即让人跟踪那个中年人,自己来到了丝绸店。他找到店老板问道:"刚才到你这儿来的那个人到底是干什么的?"

店老板以为张敞是个普通平民百姓,便不在意地说道:"你不是本地人吧? 不然怎么连那个人都不认识呢! 他是这长安城里的头儿!"

"什么头儿? 皇上老子不才是头儿吗?"张敞虽心中已猜着七八分,却又故作不知道地问道。

店老板看了看他不耐烦地答道:"你这个人真是什么都不知道,皇上老子那是一国之君,是国家的头儿,而他是小偷的头儿。"

"小偷还有头儿?"

"那可不,那可不是个好对付的主儿,你要是恭敬地对他,他和他的那些喽啰们就不偷你,你要是不给他好处,他和他的喽啰们用不了一晚上,就可以把你的货物偷光。"

"是吗,那人有那么大的本事?"

"可不,你要是在这儿做买卖,千万不要招惹他。"

"多谢先生的指教!"

张敞说完马上离开了丝绸店。他刚走不远,就看见一个差役朝自己走来。那差役走到近前轻声说道:"大人,我们已经在一间房子里将那个可疑人抓获了。"

张敞听后,也压低声音小心地对差役说道:"好,你领我去见那人。"

张敞跟着差役来到了一间陈设豪华的房子里。小偷的头儿听说抓住自己的人是长安最高行政长官张敞,心里知道抵赖是没有用的,于是便如实招认了。

抓住小偷的头儿并不是张敞的目的,因为宣帝是让他把城里的所有小偷全部抓获。下一步到底该怎么办呢? 张敞屈指算来,离宣帝给的期限仅有三天了。忽然,他想出了一个把城里的小偷全部抓住的办法,于是便对小偷的头儿说道:

　　"你是愿意被砍头呢? 还是愿意戴罪立功?"

　　小偷头儿当然不愿意被砍头,连忙说道:"我愿意戴罪立功!"

　　"那好,只要你能够帮我把你手下的那些小偷全部都抓来,我就饶你一命。"

　　"那可不好办! 大人,你别看偷东西的时候他们都听我的,要是抓他们,可就……"

　　"这不用你操心,我自有办法。"张敞又低头对小偷头儿耳语几句,小偷头儿连连点头称是。

　　第二天晚上,张敞果然把长安城里的小偷全部抓获了。

　　张敞究竟是通过什么办法把小偷全部抓获的呢?

### 思维转转看

　　张敞以砍头作为条件布下了一计,他先让小偷头儿穿上差役的衣服上大街去逛,遇着小偷就说:"我花钱在官府里买了一个差事干,今后咱们哥们儿谁若是有个闪失,我就可以从里面照应了。请通知我的弟兄们。我今天晚上要在香月楼设宴好好庆贺庆贺!"

　　小偷们听了,信以为真,结果一传十,十传百,当天晚上全部到了香月楼。这样,这些小偷便被张敞早已埋伏下的几百名兵丁全部抓获。

# 能说话的尸体

东汉的时候,有个县城里正在举行庙会,大街上人山人海,商人卖东西的叫卖声,大人寻找走失的小孩的叫喊声,还有牛马鸡鸭的叫声,闹成了一片,真是太热闹了。

有个叫周纡的县官,带着几个随从,穿着便服也来兴致勃勃地逛集市。他饶有兴致地站在一个卖画的摊子前,正拿着一幅国画慢慢欣赏,忽然,听到西边有人惊叫:"不好啦!有人被杀啦!"人们一听,都慌忙往那边奔过去。周纡心头一震,马上放下画卷,也连忙跟着人们跑过去。

在县城的西门边上,躺着一个男子的尸体,围观的人里三层外三层,大家纷纷议论说:"刚才我进城门的时候,怎么没有看到他啊?"也有人说:"你们就别瞎议论了,快去报官吧!"周纡大声说:"别去报了,本县官已经来了。"人们看见县官来了,就连忙让开了一条路。

周纡挤进去一看,那尸体穿得破破烂烂,好像是个乞丐,脑袋上有一个醒目的大窟窿,血迹早就已经干了。周纡高声说:"诸位请肃静,本官要亲自审问尸体,查出凶手!"众人大吃一惊:难道尸体会开口说话?大家都停止了议论,看县官到底怎么审问。周纡朝尸体大喝一声:"是谁把你害了,快从实招来!"然后凑近尸体耳朵,好像在和尸体说悄悄话呢。

过了一会儿,周纡大声对众人宣布:"尸体已经告诉本官真相了!"他马上叫来守城门的士兵,问他:"刚才有谁运稻草进城?赶快把他给我抓起来!"

尸体当然不会真的说话,那么,周纡为什么能"听"到尸体说出真相呢?

思维转转看

周纡从众人的议论里,知道尸体是刚刚放在这里的,他于是便假装审问,开始细细地观察尸体,果然,他从尸体的头发和耳孔里,看到很多稻草屑,便很准确地判断出凶手是把尸体藏在稻草里混进城门的。

周纡善于倾听和善于观察,是他能够破案的关键。

# 撒谎的女孩

图中描述的 4 个女孩全都是彻头彻尾的撒谎者。你要牢牢记住,她们所说的每一句话都是不正确的。你能根据所提供的线索说出图中每个位置上女孩的真实年龄以及她们所拥有的宠物吗?

提 示

1.詹妮说:"大家好,我今年 9 岁,我所坐的是第 4 个位置。"

2.杰茜说:"大家好,我坐在我朋友的隔壁,我的朋友有一只猫。"

3.杰迈玛说:"大家好,我坐在朱莉娅边上,她的宠物是龟,而另一个养猫的朋友今年已经 9 岁了。"

4.朱莉娅说:"我的宠物是虎皮鹦鹉。我今年 8 岁,坐在 2 号位置。"

5.为了帮助你解题,首先我告诉你以下信息:位置 3 上的女孩今年10 岁,杰茜的宠物是一条小狗,图中 4 号位置上的女孩的宠物是虎皮鹦鹉。

姓名分别是:杰迈玛,詹妮,杰茜,朱莉娅

年龄分别是:8、9、10、11

宠物分别是:虎皮鹦鹉、猫、小狗、龟

提示:首先找出朱莉娅的宠物。

## 逻辑反转

杰茜的宠物是一条小狗(线索5)。朱莉娅的宠物不是虎皮鹦鹉(线索4),也不是乌龟(线索3),所以一定是只猫。因此她并不是4号位置的女孩,后者的宠物是虎皮鹦鹉(线索5)。此事实也排除了杰茜是4号的可能,线索1排除了詹妮,那么4号位置的则一定是杰迈玛。通过排除法可知,乌龟是詹妮的宠物。因为杰迈玛在4号,那么朱莉娅不可能在3号(线索3),她也不可能在2号(线索4),那么她一定在1号位置。因朱莉娅的宠物是猫,那么杰茜不可能在2号(线索2)。所以她肯定在3号位置,2号则是詹妮。线索5告诉我们杰茜10岁,然而朱莉娅不可能是8岁(线索4)和9岁(线索3),那么一定是11岁。詹妮不是9岁(线索1),所以一定是8岁,剩下杰迈玛今年9岁。

## 水落石出

位置1是朱莉娅,11,猫。

位置2是詹妮,8,乌龟。

位置3是杰茜,10,小狗。

位置4是杰迈玛,9岁,虎皮鹦鹉。

# 买马的县令

晋朝的时候,县令罗际刚刚上任就传下令牌,让全县的百姓都来县衙有冤的申冤,有案的说案。

有一天,一个老汉颤颤颠颠地前来报案:"大人,我的马昨晚被偷了!"

罗际见这个老汉已经急得满头大汗,便同情地问道:"你的马到底长得啥模样?"

老汉叹息着回答道:"大人,都怪我马虎大意,才让偷马贼钻了空子。那可是一匹好马呀,4岁口,个大脊宽,4碲雪白,身上红得像火炭一样,跑得快着呢。"

罗刚听了若有所思的点了点头,问道:"你晚上有没有听到什么动静?"老汉略加思索,说道:"大人,我好像在半夜的时候,听到了有一群马叫了一阵,听声音好像是马贩子赶着马从我住的村子里经过。"

罗际听老汉说完,便安慰老汉说:"老人家,您先回去吧,等找到马再请你领回去。"

老汉见罗际说得平平淡淡,满腹狐疑地离开了县衙。

第二天,罗际叫人在城门口张贴了公告。公告的内容立刻在全城传开了。很快,有一个马贩子探头探脑地牵着一匹马就来到了县衙门前。县令罗际见眼前这匹马和老汉说的那匹马非常相像,便把老汉叫了出来进行确认。

那马一见到老汉,顿时两蹄腾起,鬃毛竖立,挣开了马贩子手中的缰绳,跑到老汉跟前亲热地舔着老汉的手。老汉高兴地说道:"这匹马就是我丢的那匹马。"

罗际见状,大声叫道:"大胆马贩子,竟敢偷盗老汉的马,来人,给我拿下。"

马贩子大惊失色,知道自己中了罗际的计。

罗际到底用了什么计策,让马贩子自己原形毕露的呢?

### 脑筋转转看

罗际在城门口贴出的公告上面写道:"本知县奉朝廷之命,出白银一千两,买一匹个大脊宽,毛如红炭的4岁口的大马,望养此马者,速送县衙。"马贩子见钱眼开,以为可以用偷来的这匹马卖到一千两白银,结果中了罗际的高价购马的计,让自己坐牢。

# 不死之谜

警察局的值班员突然接到一个女子的报警电话,她用极其微弱的声音说道:"我是电影演员娜亚。我住在 A 街 40 号楼 304 房间。我刚被人用匕首刺伤了……"

当警察赶到现场的时候,只见娜亚伏在床边,她的左胸上插着一把匕首,鲜血不断涌出。匕首所刺的位置正是心脏的位置,按照常理应该没命了,但她还活着,除了身体已十分虚弱外,情况并不太严重,这使在场人员都感到惊奇。

当娜亚被止住血,并送往医院后,医生在给她做过透视检查后说:"幸好凶手不知你的特殊情况,否则你就没命了。真是大难不死啊!"

娜亚被刀刺进左胸为什么不死呢?

## 逻辑反转

一般的人心脏在左胸,但她的心脏在右胸,虽然这种人很少,但娜亚就是其中一个。

# 母 子

北魏的时候,有一个叫李易的商人,一天,带着几十匹绢去岐州做生意。时值冬季,太阳早早就落山了。可是李易赶路心切,天黑了还是继续前行,想赶到岐州再歇息。当他来到一片树林中时,突然从林子里蹿出了一个骑马横刀的强盗。那强盗大声命令道:"快把东西给大爷留下,我就让你过去,不然的话,一刀下去让你人头落地。"

李易吓得跪在地上,连呼饶命。

"还不快把东西放下!"强盗用刀背轻拍了一下李易的屁股。

李易小心地从地上爬起来,放下了绢。

强盗迅速把几十匹绢捆在马背上,骑马消失在了树林中。

李易听见马蹄声远去,方才敢抬起头来。这时,官府几个骑马巡逻的士兵正巧路过这里,连忙问李易发生了什么事。

李易惊魂未定地说:"小人出门做生意来到这里,不料被强盗抢劫了。"

听说有人被抢,为首的一个小头目忙说:"快指出强盗逃走的方向,我们马上就去追。"

李易啜泣着说:"小人吓得一直趴在地上,没敢抬头看,不知道强盗朝哪里逃了。"

小头目气得骂道:"你这个笨蛋!还不快跟我们去报案。"

刺史杨津是个很会断案的人。只要是报到他这里的案子，很少有不能破的。他让李易把发案经过述说一遍之后，问道：

"天黑看不清强盗的模样，又没敢看他逃走的方向，但他穿什么样衣服，骑的什么马，年纪有多大，你总还能知道一些吧？"

李易低头回忆了一下，说："那强盗还很年轻，身穿青衣青裤，骑着一匹黑马，那马四蹄踏雪。"

杨津让李易暂且回家等候消息，自己回到书房。杨津想李易被强盗抢劫后，很快就遇见了骑马巡逻的士兵，发案地离城里仅有 10 里，说明从李易被抢到报案时间不长。如果强盗是岐州城里的人，他肯定不敢带着赃物直接回家。假如强盗现在还没回家的话，那么，只要找到强盗家里的人，就很容易抓住强盗。可是，怎样才能找到强盗家里的人呢？忽然，杨津想出了一个主意，立即叫来衙役，命令他们照计行事。

衙役走后，杨津在堂上等着强盗的家人到来。果然，没过多一会儿，强盗的母亲就来到了大堂。杨津又从强盗母亲的嘴里得知强盗叫王虎，经常到城东 40 里外的韩家庄的姐夫家去玩儿。于是，杨津立刻派人去捉。王虎正与其姐夫猜拳喝酒，几十匹绢正放在屋里。王虎当即被捉到州衙。经审问，他对抢劫的事实供认不讳。

杨津用的是什么办法让强盗的母亲主动来到州衙的呢？

## 脑筋转转看

杨津命衙役上街敲锣喊话，告之全城百姓，在东门外 10 里处，有一个 20 多岁的年轻人被杀。此人黑衣黑马，黑马 4 蹄踏雪。若是谁家的人，请速去州衙领尸。强盗王虎的母亲听了，心里一惊：敲锣人喊的那个被杀的人正是自己的儿子啊。于是，她便急忙来到州衙。杨津就是这样用"死"儿诱母之计，找到了强盗的母亲，并由此破了案。

发射幻想号

# 邻里纠纷

有一天,阿秀正在家里读书,一阵急促的门铃声把她惊动了,她随即去开门。走进来的是隔壁的泼妇西凤。她是个远近闻名的刁妇。只见她气势汹汹地指着阿秀姑娘,说道:"你太可恶,把自家的狗放出来咬人!"

阿秀莫名其妙,因为她家的狗是从来不咬人的,而且今天一直蹲在姑娘脚边没出屋。于是,阿秀问西凤道:"狗什么时候咬的?咬了哪里?"

西凤说:"就在刚才经过你家门口的时候。"说着把她那完好无损的裙子拉起来。果然,在膝头处有一个伤口,看着像是被野兽咬的。

阿秀是个爱动脑筋的姑娘。当她看过西凤的伤口后,十分肯定地说:"你这是在撒谎。这伤口不是我家狗咬的。"接着阿秀说出了证据,把西凤说得哑口无言。

你知道阿秀的证据到底是什么吗?

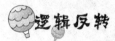
## 逻辑反转

如果是狗咬伤了西凤,她伤口附近的衣服一定不可能完好无损。

发射幻想号